◎ 畅销全球的优秀科普读物 ◎

趣说相对论

靳淑敏 编译

光明日报出版社

图书在版编目（CIP）数据

趣说相对论 / 靳淑敏编译 . -- 北京：光明日报出版社，2012.6（2025.1 重印）

ISBN 978-7-5112-2378-4

Ⅰ . ①趣… Ⅱ . ①靳… Ⅲ . ①相对论－普及读物 Ⅳ . ① O412.1-49

中国国家版本馆 CIP 数据核字 (2012) 第 076450 号

趣说相对论

QUSHUO XIANGDUILUN

编　　译：靳淑敏

责任编辑：李　娟　　　　责任校对：日　央

封面设计：玥婷设计　　　　封面印制：曹　净

出版发行：光明日报出版社

地　　址：北京市西城区永安路 106 号，100050

电　　话：010-63169890（咨询），010-63131930（邮购）

传　　真：010-63131930

网　　址：http://book.gmw.cn

E - mail：gmrbcbs@gmw.cn

法律顾问：北京市兰台律师事务所龚柳方律师

印　刷：三河市嵩川印刷有限公司

装　订：三河市嵩川印刷有限公司

本书如有破损、缺页、装订错误，请与本社联系调换，电话：010-63131930

开　本：170mm × 240mm

字　数：185 千字　　　　印　张：12

版　次：2012 年 6 月第 1 版　　　　印　次：2025 年 1 月第 4 次印刷

书　号：ISBN 978-7-5112-2378-4

定　价：39.80 元

作者序

不知从几时起，人们开始戴着涂满“恐怖”的眼镜看待科学。电视或者电影中也经常出现神经质的科学家，他们会制造出扰乱人们生活甚至破坏和平的怪物。当然了，结局一定是被一个充满正义感的英雄所击败。

我并不是对这类影片指手画脚，只是有感于大家对科学的态度，这未免不是件遗憾的事情。

扎根于人们心中的恐惧又是起源于何时的？刨根问底的话，并非是原子弹的出现，而是来源已久。对未知事物的畏惧——黑暗、火、地震、雷电……

不知道为什么→无法预测→恐怖！（畏惧的产生原理如此所示。）

科学的本来意义即在于探寻未知事物，打败恐怖和畏惧的心理。但随着科学的难度逐渐升级，其本身也成为一个未知的事物。基于此，人们对科学的恐惧就此诞生。

科学的本质包罗万象，妙趣横生。“这个是……那个是……所以推导出的结论如下……”对了，可以将其看作是针对大自然的推理游戏，因为对象非常庞大，推理自然也很冗杂；因为对象生机勃勃，我们自然也精神百倍。这将是一次动感十足的奥妙之旅。

你们将要打开的不是一本教科书，而是……对，是帮助大家亲身体验相对论的工具。所以，请大家放轻松，用心享受。

体验完成后，大家看问题的方式、思考问题的方法也必定会豁然开朗。

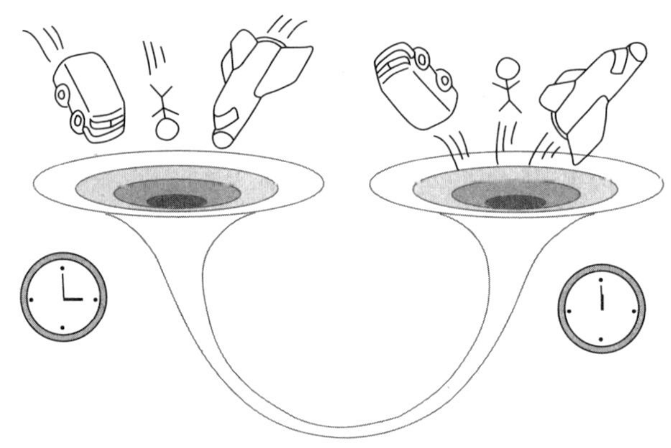

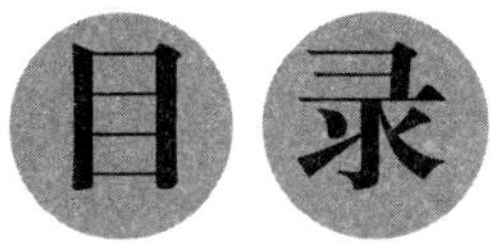

第一章　狭义相对论

第二章　广义相对论

扫码获取
更多资源

第一章

狭义相对论

山口老师　健一　真由美　光二郎　凯尔

狭义相对性原理：一切物理规律在任何惯性系中具有相同的形式。

神奇之旅

寻觅狭义相对论

一个晴天的午后，同级的大学生真由美和健一（通称健）在校园中漫步。

健暗恋真由美。但情商指数不低的他却是个理科白痴，所以在他眼中，可以熟练掌握数学算式的人就是“外星人”。

“今天的发型还不错，每根头发都精心打理过。”健心中窃喜。

真由美属于活泼开朗型。她感兴趣的有：打网球、网上冲浪、一口吞牛奶……总之，她喜欢挑战各种事情，是个闲不住的人。

突然，真由美停下了脚步。

真由美：“今天在52号楼的大教室里有个讲座，你知道吗？”

健：“是吗，关于什么的？”

真由美：“相对论，爱因斯坦的相对论。”

健：“嗯，对了，差点忘了还得打工呢……”

真由美：“别骗我了，一起去吧！”

健：“我可是文科生，对理科的算式一点儿也不开窍，看见头就大了。”

真由美：“没关系的。我不也一样！讲座通知上写着‘从基础学起的相对论’。”

健：“再怎么说基础知识，那也属于相对论啊。爱因斯坦是什么人物，太难了！”

真由美：“你知道得挺多嘛，既然这样就快走吧。”

健：“我……真有打工，真的……”

真由美：“真是的！就知道找借口，有点出息行不行？”

健：“是吗……”

真由美：“当然是了，好了，咱们快去吧。”

健被真由美强拉硬拽带到了52号楼，不过他好像也下了决心：从今天起，开始自我改造！

他们坐到了教室中间偏后的座位上，虽然还有人陆陆续续进场，不过看样子顶多半场就不错了。不一会儿，抱着一大摞资料的山口老师进来了，那身打扮真是土气。最令人惊讶的是，他竟然在上讲台时摔了一跤。那一刻，健和真由美两人四目相对，无言……

山口老师：“吭……”

走到讲台上的山口老师清了清嗓子，然后把资料摆了满满的一桌。

山口老师：“相对论是爱因斯坦构筑的人类知识财产，是物理界的划时代理论，从根本上改变了时间与空间的概念……”

扩音器的效果值得怀疑，讲座的声音很小，讲座方式平淡无味……

山口老师：“嗯，时间会变慢，长度会收缩……

“嗯，质量与能量等价定律……

“嗯，不同于一般的想法……

“嗯，时间机器的可能性……

“嗯……”

无聊的讲话，持续中……

健的视野逐渐变暗……变薄……看不见了……

车导：“大家好，欢迎来到‘相对论’神奇之旅，本次‘时空号’巴士很快就要开动啦。不可错过的世纪体验，机不可失，时不再来！旅客们，本次巴士的速度可是宇宙中首屈一指的，为防止晃落座位，请大家坐好以后系好安全带。”

健：“天哪，好紧张啊！刚才那人说是宇宙中最快的速度。”

真由美：“健，快点，没发现已经开始动了吗？”

加速度惊人大，多亏安全带把身体勒得很紧。很快，车内也随着震动的停止平静下来。

车导："大家注意啦，巴士虽然已经'离陆'，但还会加速运行一段时间，安全带都没有问题吧？"

健："怪不得还感觉到被勒得很紧呢，虽然没有震动了但速度仍在加快啊！"

真由美："巴士会'离陆'？怎么回事？"

健："管那么多做什么，不过这速度还真是快。"

真由美："哇！这个飞机，不对，这个车又开始震动啦！"

车导："因为巴士的速度很快就超过音速，请大家忍耐一下暂时的震动。请放心，并不是车辆出了问题。"

真由美邻座的叔叔，跟山口老师长得太像了。

邻座的叔叔："车辆在超过音速的时候会出现强烈的震动，这是必然的。"

健："你旁边的叔叔是谁啊？"

真由美："嗯……不知道。"

车内的震动很快停止了，已经超过音速的速度还在加快。

健："太刺激了，好快的速度！哎，周围的东西都歪了吗？啊！我看到那个大楼的背面了。"

真由美："哇！自由女神像！富士山！金字塔！到底是什么巴士，速度也太快了吧。"

健："别管那么多了，这样才好玩呢。"

真由美："当然要管了，健也跟这个巴士一样，太奇怪了。"

车导："已经离开地球的巴士目标指向天鹅座X-1！注

意安全，安全带不要大意。”

健：“啊！刚才飞过了月球，哦！是火星！土星！木星！”

真由美：“顺序都说反了，丢人。”

健的额头上出了点儿汗。

真由美：“快看，太阳系被抛到后面了……你觉不觉得有些发红？”

健：“你看前面，是不是有些发蓝？”

邻座的叔叔：“这就是多普勒效应。简言之，接近的事物显现蓝色，远去的事物显现红色。”

过了一会，没有了被绑紧的感觉，车里的震动也完全停止了。

停车了还是在飞速奔驰？弄不清楚。

车导：“车辆正跟刚才一样匀速行驶，好了，可以松开安全带放松一下了。”

健：“噢！放松喽！但速度也太慢了吧，根本感觉不到速度，难道真的停下来了。”

车导：“大家对速度没有感觉是因为周围没有参照物。其实，现在的速度是光速的99.99%。”

邻座的叔叔：“无论速度如何，匀速行驶时没有力施向车里的人，所以也分不清是停止了还是在行驶。”

窗外出现了巨大的漩涡。漩涡中有个不可预测的黑洞，正吸进周围星球闪闪发光的光带。

车导："大家的左边就是此次旅行的目的地，天鹅座X–1！"

真由美："太神奇了。"

健："真不错！幸亏上了这辆车，拍些照片吧。"

于是，乘客与车上的工作人员开始拍照留念。

车导："各位！虽然时间很短，本次宇宙旅行大家还满意吗？我们马上将返回地球，与来时一样，请系好安全带！"

健："这就回去了吗？才刚下来一会。"

两人刚系好安全带，"时空号"巴士就开始疾速旋转，由于受到强大的离心力，大家就像要被拽向外面一样开始大叫。

全体乘客："啊……天哪！"

健："喂，司机叔叔能不能慢点，真由美的脸都歪了，比平时还丑呢。"

真由美："健，是不是嫌你的脸不够歪？"

健："听不到……听不到……"

车导："大家都没事吧？"

全体乘客："哪里是没事啊？"

车导："'时空号'巴士已经安全进入返回地球的轨道，预计到达时间为——车内时间15:30。"

车上的人开始打瞌睡了，正感觉归程非常无聊时巴士又开始了疾速减速。向前扑倒的人们都快被安全带勒进肉里了。

全体乘客："啊……天哪！"

健："这司机真的很野蛮。"

真由美："还说别人呢，你不是也一样？"

健："唔，唔，听不到……听不到……"

车导："大家都还好吗？"

全体乘客："哪里会好啊？"

车导："'时空号'巴士已经安全进入地球返回轨道，但因为会持续绕地球行驶，请大家不要离开座位。"

猴子的星球

真由美："哎，你看，这是地球吗？好奇怪啊……"

健："真的，楼什么的也没有。"

真由美："健真是少根神经，啊，快看下面的人，好多像你的人！"

健："哪儿，哪儿？"

乘客们纷纷探出头往下看，下面走着许多穿着衣服的猴子。好像还指着"时空号"巴士说着什么。

健："喂！哪里跟我像啦，明明是猴子啊！"

邻座的叔叔："真的是猴子，但确实很像。"

健："喂！叔叔你说什么呢？"

真由美：“那些猴子不但穿着衣服，好像还说什么呢。”

特别嘈杂的声音……

猴子一族：“大家看上面，是‘原猴’！原始人在天上飞呢，‘原猴’！”

车导：“根据车载电脑显示，这里的确是地球。”

全体乘客：“啊……”

健：“哦！那个反过来的东西，突出来的是什么啊？”

真由美：“那是自由女神像啊！”

健：“真是，那这的确是地球啦。”

邻座的叔叔：“这就是‘浦岛效应’，即，对于高速运动的我们而言，时间的速度变慢了。实际上地球已经过去了几万年。”

真由美：“真的吗，已经过去几万年了？地球变成什么样子了？”

车导：“根据刚才的地表勘察数据显示，很久以前有大量核物质扩散到地球表面。”

邻座的叔叔：“看来是我们的子孙挑起了核战争，人类也就此灭亡了。”

乘客全体：“噢……”

梦醒之后

“啪啪啪啪……”突然响起了很大的声音。

健："噢！又怎么了？这次又是什么？"

噌地一下从板凳上站起来的健，在会场稀稀落落的掌声中四处巡望。

周围的人："这家伙是怎么了？"

健："（若无其事）到底怎么回事？"

真由美："你真是没浪费一点儿时间啊，一直睡到现在。"

健："我刚才做了个奇怪的梦。有一辆速度非常快的宇宙旅行的巴士！周围的事物都是歪的，颜色还会变化……"

真由美："那些都是山口老师刚才讲过的！时间机器的可能性，宇宙的末日，还有猴子的星球。还挺有意思的，虽然不太明白吧。"

健："就你那脑袋，当然理解不了啦，哈哈哈……"

真由美："睡觉时流口水！还说我呢！"

"啪！"会场中回荡着手拍了什么东西的声音。

真由美："（若无其事）对了，老师最后说，有什么问题可以去研究室找他。"

健："要是能从头讲一遍，去也可以啊。"

真由美："那我们现在就去吧。"

健："好啊，（还在发抖）这就是真正的'神奇之旅'啦。"

真由美："你刚才说什么？"

健："没什么，走吧！"

第一节

爱因斯坦的突破

初访山口老师

健和真由美来到了山口老师的研究室，透过没有关紧的门缝往里面望。

“这就是山扣（健奇怪地把山口说成山扣）的研究室吗？不

是一般的脏啊！”

“五十步笑百步。请问，山口老师在吗？”

“我，我就是…… 有，有什么事情？”

“啪啦啪啦……扑嗒扑嗒……”

研究室乱极了，山口老师慌慌张张地整理着桌子上的书和资料。

“刚才的讲座有些地方不是很明白，想请教您。”

“刚才的内容吃力吗？‘时间膨胀’听懂了没有？”

“我们高中都是学文科的，一出现公式就不太懂了。”

“我是一点儿也没弄明白。”

“这样啊，‘同时性崩溃’理解了没有？”

“一点儿都没听懂。”

“噢，那你们对什么地方感兴趣呢？”

“当然是时间机器啦！既可以到未来又可以到古代，那个最有意思啦！”

“嗯，‘时间’那部分是挺有意思的。”

“真存在‘猴子的星球’吗？太神奇了！真由美，看见你就会想起那个‘猴子的星球’。”

“说什么呢，你才是来自那个星球的呢。”

“好了好了，我明白了。我会按顺序解释刚才的问题，不懂的地方随时可以提问。”

健和真由美两人围着房间中的大圆桌坐了下来。整理后的研究室有了坐的地方，但书滑落的概率仍然大于50%。

“对了，需要事先声明的一点是，理论体系非常重要！只了解一些片面的知识无法明白‘独创之处在哪里’，‘建设性的亮点在哪里’。”

“听着挺麻烦的。”

“没关系，这个山口老师最爱跑题了，不会太累的。”

“嗯！无聊的时候，看我拽着他到处疯，嘿嘿嘿……”

“这俩人到底是怎么了？”

“没什么，没什么……嘿嘿嘿……”

怪异的气氛，不同寻常。

差生还是天才

“好了，首先要讲的是‘爱因斯坦的介绍’，不会有困难吧。”

听了这句话，两个人都松了一口气。

“我知道一点儿，爱因斯坦小时候是个差生。”

“我也听说过，那个伟大的科学家真的是差生吗？山扣（又说错了）老师？”

“什么山扣，明明是山口……怎么说呢，他小时候的确成绩不太好，还曾经拿不到学分。”

“我也一样，真由美，爱因斯坦跟我一样呢。”

“这也敢说一样？跟天才有相同点不见得就是天才，相反的情况倒真是保不准呢。”

“真是的，你们这些好学生哪知道我们天才的苦恼啊。”

“好了好了，我们言归正传（这俩人到底是好朋友还是死对头……）。爱因斯坦从小就喜欢思考，

▲ 爱因斯坦像

爱因斯坦不仅是一位科学天才，他还是一位深刻的思想家、一位不同寻常的人，他将一生都奉献给了科学、自由、正义和平等。

比如像‘为何会变成这样’，‘这是如何发生的’之类，遇到不明白的就肯定会寻根问底。”

“不过有一点你们知道吗？死记硬背是他的弱项，或者说他根本就不喜欢死记硬背。在他上的德国学校里，希腊语和拉丁语等死记硬背的课程是他最讨厌、最头疼的；相反，数学以及科学等科目对他而言轻而易举。在高中毕业考试中，他几乎得了满分。”

“真的吗？满分？健做梦也别想了。”

“与其说他是差生，倒不如说他讨厌死记硬背的课程。”

“嗯！讨厌的事情就拒绝，的确跟我很像。”

“真是的，真不知道你喜欢哪一门，哪里有相同之处。”

“……”

光电效应

“大学毕业以后，他将一直潜心研究的成果公布于世……”

“我知道，山口老师说的是狭义相对论吧？”

“对，狭义相对论的确是其中之一。其实1905年又被称为‘奇迹之年’，因为爱因斯坦不只是公布了狭义相对论，另外两个伟大的理论也都震惊了世人。”

“三个？太厉害了……”

“另外两个理论是什么啊？”

“稍微有些难，分别是光电效应和布朗运动。”

“光电效应，布朗运动？到底在说什么呢？”

“光电效应是受到紫外线照射时，从金属内部会跑出电子的现象。不是一两句可以说清楚的，简言之，爱因斯坦告诉大家光并非是‘波’，而是‘粒子’。”

“粒子？”

“在爱因斯坦之前，只知道光的干涉现象的人们认为光属于波动。”

“干涉？波动？”

“粒子则是非干涉性的。”

“非干涉性？”

“比如说吧，波具有重叠性，两个比较小的波会重叠成一个较大的波。”

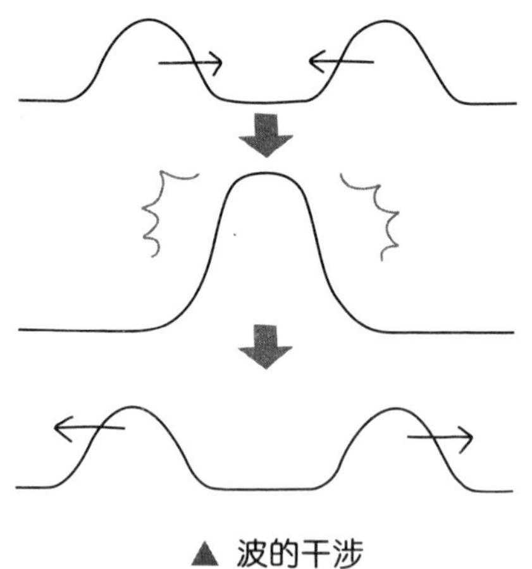

▲ 波的干涉

“噢，总算是听明白了一点儿。”

“因为可以重叠，人们认为光有干涉性，即其可以变强或变弱；‘粒子’不会干涉，即使重叠也不会变强。”

“那是自然，粒子的我和粒子的真由美在一起，也不会变成‘大男大女’啊，哈哈哈……”

山口老师也忍不住笑了起来，旁边坐着的真由美好像脸色不太好。

“咱们话题扯远了……总之，光可以实现波动，可以干涉而变弱或者变强。对了，高中的实验就是证明这个的，‘杨氏干涉实验’和‘牛顿环’。”

“高中讲过吗？一点儿也想不起来。”

“一点儿也不记得吗？总之，爱因斯坦改变了大家一直以来的看法，证明了光不是波，而是具有粒子性质的‘光量子’。”

“转换思维！这脑瓜的确挺能想的。”

“对！转换思维！在讲爱因斯坦时这是个很关键的字眼。”

“吓死我了，山扣（又说错了）你不要一下说那么大声……”

“健，怎么跟山口老师说话的，注意你的用语。”

“没关系，不用太在意，最近比他过分的学生多的是……总之，爱因斯坦揭开了光电效应之谜。”

“嗯！爱因斯坦果然很厉害。”

“这个‘光量子假说’，是解释‘量子力学’微观世界最基础的理论。”

“这一年发表的理论真的改变了世界，了不起！”

“对啊，所以1905年被大家称为‘奇迹之年’。”

“您刚才说还有一个‘布朗运动’，这又是什么理论啊？”

布朗运动

"布朗运动是以其发现者罗伯特·布朗的名字命名的，他用显微镜观察浮在水面上的花粉，发现花粉就像是生命体一样四处游动。"

"像生命体一样？花粉本来就是有生命的呀！"

"虽然可以这么说，但普通情况下花粉不会自己到处乱跑啊，正因为如此，看到游动的花粉才会大吃一惊。"

"可以看到不会动的东西在动，山扣，你说的是哪国语言啊？"

"又没注意听讲，我说的要点是：浮在水面上的花粉。"

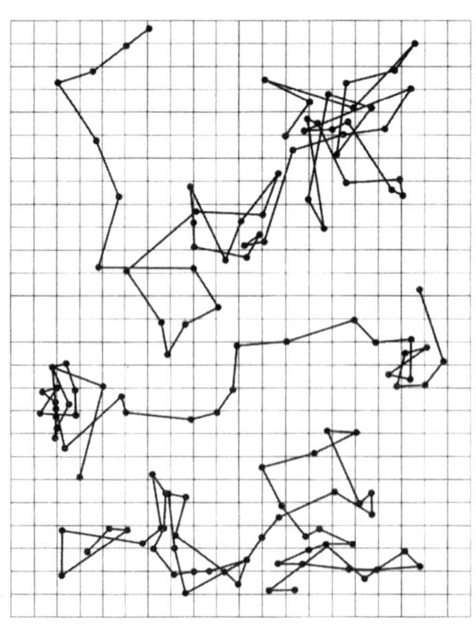

◀ **佩兰[①]观察到的布朗运动**
佩兰每隔 30 秒记录一次溶液中 3 个乳香颗粒的位置，然后用直线把它们连接起来，显示其运动状况。

①佩兰：法国物理学家。通过实验完全证实了"布朗运动的爱因斯坦定律"。

“也就是说，花粉在玻璃或者桌子上时都不会动，只是在水面上时会动。”

“噢，还是真由美说得清楚，比山扣的话容易理解多了。”

“这个现象的原因在于：水分子在持续不停地做不规则运动，与之相应，浮在水面上的花粉也就做不规则运动。更准确地说明的话，非常小的水分子还不足于带动花粉无规则运动，而其分子的集合体‘集群’可以做到。”

突然间，传来很大的声响。

“啊……啊亲……呵呵，我花粉过敏。”

“真是的，吓我一跳。”

“一说起花粉，不由得就浑身难受，不好意思。”

“唔，总之布朗运动属于不规则运动，虽然一般人认为不可能用公式来表达，但伟大的科学家爱因斯坦却解决了这个难题。”

“用公式表达不规则运动？特别难吧！”

“具体内容属于数学公式，我们暂且不讲。但就是爱因斯坦的这个新构思，对以后的‘固体物理’和‘材料物理’都有很大的影响。”

爱因斯坦，名不虚传

“这3个公式都那么厉害，爱因斯坦果然名不虚传！”

“嗯，以前只听别人说他有多厉害，今天才算明白了一点儿。”

“对，了解内容以后就知道其划时代的意义何在了，我们也会逐渐进入正题的。”

直到现在，两人好像都同意了山口老师的话。山口果然是“老师”啊！

“26 岁！爱因斯坦公布这些理论的时候只有 26 岁！”

“也就是说，山扣已经没戏了。”

山口老师十分生气。

“山口老师好像很郁闷。”

“说错话了。（带着补救的心情）老人也有老人的发光点，没关系的！”

“唉，欺负我这一把年纪，真是没办法啊……”

健和真由美还没听完他说的话就起身打开门走了出来。

“今天多谢喽，明天见！”

“啊……亲……”

光速不变

今天，终于要进入正题了。所以，健和真由美也比昨天有了干劲。

“今天要开始讲狭义相对论呢。”

“嗯！（斗志昂扬）把山扣彻底击败！”

健快速跑上台阶，山口老师的研究室转眼就出现在了眼前。

“山口老师在吗？”

“扑通……啪嗒……”老师又到处掉东西了。

“（真没想到）今天来这么早！来，来吧，请坐。”

“坐？坐哪儿啊？”

两人只得自己收拾桌椅，好不容易找到了坐的地方。

“让大家久等了，嗯，今天就可以跟我进入正题——相对论。第一点，相对论又可以细分为：狭义相对论和广义相对论。”

“一说‘狭义’，感觉是很特别，比较难的内容……”

“嗯，怎么说呢，在科学领域中，‘广义’或者‘概论’反而是比较难的，因为解释说明的对象是所有的事物。比如说，有些老师说‘物理概论’是最难的课程。”

“是啊是啊！我选修过的‘经济学概论’就是如此。”

“你哪门课不觉得难啊？”

“也对啊。啊？你什么意思啊？”

“好了好了！总之，狭义相对论是‘等速运动’的理论；而广义相对论是‘加速运动’的理论。”

“‘加速运动’就是运动的速度一直在变化，的确是广义相对论比较难呢。”

“是的，所以，作为运动的特殊状态——‘等速运动’，其相对应的是狭义相对论。”

“在等速运动中，速度＝距离 ÷ 时间。”

“你说的这个算式，我也会！”

“你当然得会了，这可是小学程度的问题！”

“是吗？最近的小学生都快赶上我这样的天才了，真够可以的！”

“总之，我们首先学习狭义相对论。”

“爱因斯坦首先研究的对象是光。”

“光是宇宙中速度最快的吧？”

“回答得很对，光速为30万千米每秒，也就是每秒钟行进30万千米。”

地球的1周为4万千米，按照光的速度，它可以在1秒钟内绕地球7周半。

“太厉害了！爱因斯坦也研究光，说明他喜欢‘第一’。”

“与其说他喜欢‘第一’，更主要的原因是光适用电磁波方程式。”

“电磁波方程式？”

“顾名思义，电磁学研究‘电’和‘磁’，19世纪时的麦克斯韦①一共总结了4个方程式。”

“电磁学主要研究‘电的加减’和‘磁铁的南北极’吧？”

“这个又是我知道的，‘窟窿定律’！”

“什么‘窟窿定律’，是‘库仑定律’。”

“唔……”

“电磁的那么多现象，4个公式就可以概括了。真是了不起啊！”

“我也想看看，到底是4个什么样的式子？”

“嗯，说实话真的挺难的。”

“哼，不看看我是谁，天才健才不会输给几个公式哩。”

①麦克斯韦：麦克斯韦（1831～1879）是英国物理学家。他集成并发展了法拉第关于电磁相互作用的思想，于1864年发表了《电磁场动力学理论》的论文，将所有电磁现象概括为一组偏微分方程组，预言了电磁波的存在，并确认光也是一种电磁波，从而创立了经典电动力学。他在气体运动理论、热力学、光学、弹性理论等方面都有重要贡献。

$$\text{div } D = \rho$$
$$\text{div } B = 0$$
$$\text{rot } E = -\frac{\partial B}{\partial t}$$
$$\text{rot } H = \frac{\partial D}{\partial t} + i$$

“现在白板上写的就是麦克斯韦的方程式。”

山口老师把4个公式写在白板上，写完后山口老师转身朝向两人。

“……脑中一片空白。”

“呵。”

怎么回事，健竟然镇定自若。

“真由美同学，没关系吧？好像很吃惊的样子……健一同学还不错，看样子是明白了。”

“不就是几个英语单词吗？我回去翻一下字典就明白啦，小意思。”

“这可不是英语，是‘向量微分方程式’，

$$\text{div} = \frac{\partial}{\partial x} + \frac{\partial}{\partial y} + \frac{\partial}{\partial z}$$

这个意思是三者之和。”

“噢，是这样啊……”

“你们两个现在不懂也没关系的，好好听就行了。”

“两个人都不懂也没关系吗？”

“电磁场的波动方程式就是通过这4个式子推导出来的。”

“噢。”

“老师，光适用于电磁波方程式，电磁波是指‘光’吗？”

“啊？电磁波不是指‘电波’吗？”

“你们两个说的都没错，电磁波就是电场与磁场振动共同作用形成的波动，根据其振动数与波长的不同分别称为‘电波’和‘光’。”

“那就是说，‘电磁波’与‘光’本质是相同的。”

“是这样的，根据波长从长到短分为收音机的无线电波、电磁炉的微波、红外线、可见光、紫外线、x射线等很多种。下面是详细的图解。”

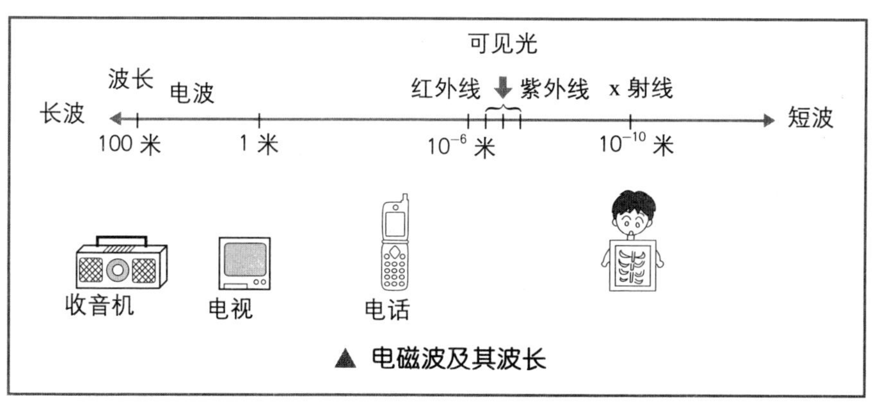

▲ 电磁波及其波长

“按照上图的解释，我们能看到的‘可见光’的波长好短啊！”

“是的，大概有0.5微米，也就是1毫米中有2000个波长。我们言归正传，通过这个电磁波方程式可以推导出光速，也就是光的速度c。”

“光的速度c？”

“是的，光速c是单词constant（固定的）的首字母。”

“嗯！”

“通过这个理论可以推导出电磁波速度的计算公式 $c=\frac{1}{\sqrt{\varepsilon_0 \times \mu_0}}$ 把介电常数（ε_0）和磁导率（μ_0）代入公式以后，可以算出 c=30 万千米每秒，而且与实验的结论相符。由此我们可以得出，‘光’的确是‘电磁波’的一种。”

速度的变化

“接下来我们要谈到爱因斯坦了，他从小就特别喜欢思考。有一天他突然想到‘如果和光一起跑的话，光看起来会是什么样的呢？’”

“和光一起跑？看光？”

“要解释的话，比如说，开着汽车追赶一辆正在行驶的火车，如果是相同方向的话，感觉火车的速度比实际速度慢；如果汽车再加快速度的话，甚至会感觉到火车停了下来。”

“你又在说一些理所当然的事情了！”

“但如果汽车与火车方向相反的话，会感觉火车的速度比实际速度快。这就是‘速度的相加性’，也算是日常生活中的常识了。从汽车看火车的速度 v，用算式表示即 v=v(火车)−v(汽车)。”

“你不是说加法吗？为什么是‘减’呢？”

“是这样的，在物理学和数学领域中，加号与减号表示的是方向。详细情况在下面的图中有说明。当火车和汽车为同方向时，应该用火车的速度减去汽车的速度，即 100−80=20 千米／小时。”

"明白了！"

"当与火车方向相反的时候，即汽车的速度是向左的，从汽车上看到的速度＝火车的速度－（－汽车的速度）＝火车的速度＋汽车的速度，和我们用一般常识判断的速度变快是一致的。100－（－80）=100+80=180 千米／小时。"

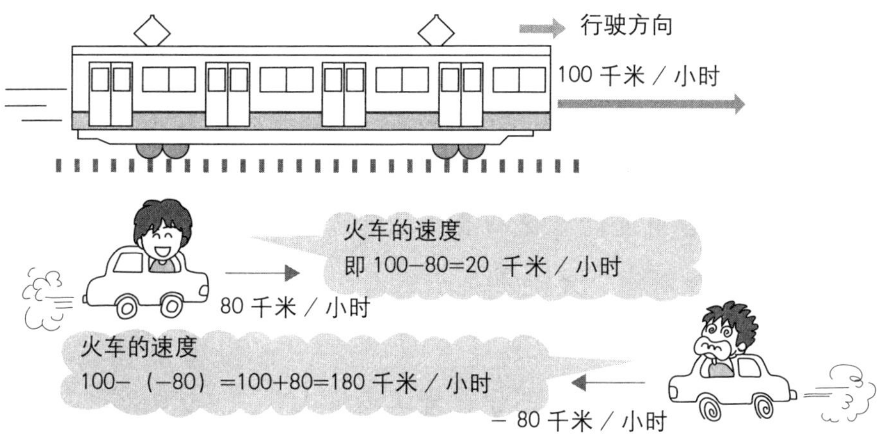

▲ 速度的相加性

"我明白了，把方向确定之后，相同或者相反方向都可以用一个公式表达。"

"对，这样就方便多了。"

"嗯，是的！"

电磁波

"爱因斯坦关注的'光'是麦克斯韦方程式中的电磁波，

所以说‘光’符合电磁波的方程式，即‘光’为符合波动方程式的波。”

“跟刚才说的有什么区别吗？”

“在波动方程式中，即使从一条与波做相同运动的线上看，波的运动也没有任何变化。波的速度由振动决定，不管如何观察都不会有变化。”

“……”

“也就是说光是振动传播的，而且其振动不因观察角度的变化而变化，所以无论以何种速度观察，光速都是一定的。”

“啊？”

“健，是这样的。不管是静止或者与光一起跑，光本身的振动都没有变化。光速由这个振动决定——即使从高速运动的角度观察，光依然以光速c进行传播。所以，你即使跟光一起跑，光速仍然是30万千米每秒，你是永远也追不上的。”

“噢，有点懂了！你挺厉害的嘛，比山扣讲得好理解多了。”

山口老师有点儿生气。

“其实我昨天晚上看了点儿。”

“怪不得眼睛是红的，比平常还丑。”

▲ **赫兹的电磁波实验装置复制品**

麦克斯韦最早预言了电磁波的存在，而赫兹则是使麦克斯韦的理论得到了世界的公认。

“你说什么？”

真由美十分生气。

“好了好了，安静安静……

“据此可知，无论观察者是何等的速度，光速都是一定的。这就是爱因斯坦的构想。进一步说，比起力学，爱因斯坦更加重视电磁学，光不是力学速度的单纯相加，电磁的波动方程式更能反映其本质。结论就是——光速是恒定的——爱因斯坦的伟大构想也由此出发。”

“从任何角度看光速都是一定的，真不可思议。”

“还有一点，爱因斯坦想到‘如果和光一起跑的话，光看起来会是什么样的’，像这种不可能做现实的实验，可以想象地称为‘思考实验’。”

“即使不能做实验，思考可是无所不能的。”

“是啊，虽然最终结论一定要有实际的实验佐证。”

“哈哈哈……我也经常做‘思考实验’……”

“健，你那可不是‘思考实验’，你那是‘胡思乱想’。”

“对了，山口老师，您不是说今天要带我们进入相对论的世界吗？好像还没有谈到啊。”

“这孩子记性挺好啊！哈哈哈……被你发现了啊，伟大的道路总是曲折漫长的……从明天起，我们开始讲‘不可思议的相对论’。”

第三节

时间的相对性

进入相对论的奇妙世界

今天的天气不错，下课后的健和真由美相约去山口老师的研究室。

途中，健担心地问真由美。

“今天能讲到相对论吗？还真是有点担心呢。”

“应该可以，倒是你别总问些不着边际的问题！”

“知道了，我进步也是很快的，最重要的是‘光速不变’。”

健一直盯着自己的手心，好像写着什么。

“对了！我去地下的小商店买东西，山口老师的研究室在7楼，你先上去吧。”

听完真由美的话以后，健独自上到了7楼，但左等右等也没见真由美的身影。

“想到了！开始锻炼。”

说到做到，健突然间行动起来，原来是把走廊当成了跑道。差不多十个来回结束以后，他的额头上渗出了汗珠。

“哈哈，真爽快！再加一个来回！”

就在这时，并排的两个电梯一上一下都停到了7层。

“真由美会在这边的电梯里吗？”

在走廊左边的健朝着电梯跑过去时，两个电梯门同时开了，右边电梯里走出的是真由美，左边电梯里不正是山口老师吗？

（一边跑一边说）“太慢了吧，让我等这么久。”

“呃，不好意思，我迟到了。”

“啊，山扣老师，我没有说您，我是说真由美太慢了！”

“对不起，山口老师，都怪健的声音太大了。”

“我也没想到你们两个会同时到啊！”

“呵呵，是有些吃惊，不过没关系。刚才健同学不是说‘同时’嘛，这正是今天要讲的话题。

“昨天说的是‘光速不变’，从那个不符常规的假定，可以推导出更加不符常规的结论……”

“啊？”

进入房间的两个人，轻车熟路地整理好坐的地方，虽然还是相当的乱。

时刻与时间

“刚才健同学提到，我们两个同时到达，这句话表达的意思是什么呢？”

“这有什么好解释的，就是两个人同一时间下了电梯呗。”

“你说是同一时间？”

“对，是同一时间啊！真由美，我说错什么了吗？”

“健，同时是指同一‘时刻’，不是同一‘时间’！”

“嗯？‘时间’和‘时刻’，有什么不一样吗？”

“这的确是人们经常弄混的问题，比如说‘现在的时间是6点整’，而不是‘现在的时刻是6点’。事实上，‘时刻’指的是在确定一个基准点的基础上，为时间长河中的一瞬间；与此相对，‘时间’指的是两个基准点之间的时间长度。”

“是的！所以应该说‘现在的时刻是6点半’，‘昨天的睡眠时间是8个小时’。”

“哇，我应该说‘昨天我睡了足足12个小时’。”

“……确实是这样的，物理学中要严格分清‘时间’和‘时刻’，不然会出问题的。”

“知道了。”

“同时”是否等于“同时看到”

“刚才我和真由美同学同时下电梯，在健同学看来，就是‘同一时刻’！但那时的健同学，好像在走廊里跑步呢。”

“唔，我想锻炼一下身体……对不起了（健做了一个抱歉的手势）。”

“也没什么大不了的，不过以后要注意喽。”

“遵命。”

“我们来具体谈一下‘同时’。下图是个经常用到的例子。从一列正在行驶的火车中部向两端发射光线，问光线到达两端的情况。”

于是，桌子旁边的白板，又被涂上了山口老师那惨不忍睹的画……

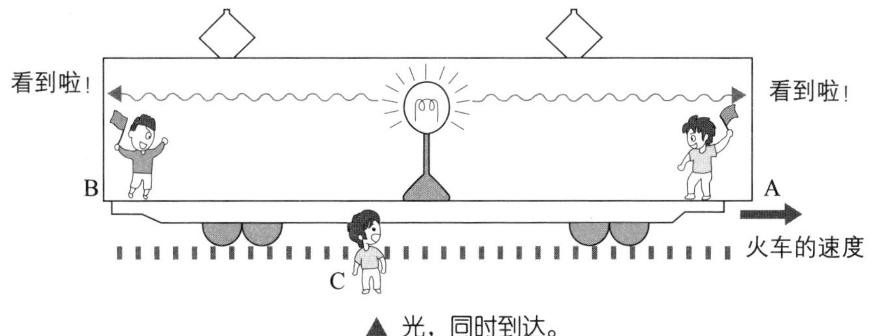

▲ 光，同时到达。

“将正在行驶的火车中部的灯点亮，考虑一下光线到达前端A点与后端B点的情况。

“我们假设A，B两名学生分别站在A点和B点，当光到达以后，他们会举起手中的旗子。”

“真是老土的例子！看我给你想一个！以光速前进的‘光子炸弹’怎么样？落在A，B两点时会发生爆炸。”

“光子炸弹！这怎么可能呢？只要到达就可以了，并不需要爆炸。”

“那就是光到达后会爆炸的‘光爆式炸弹’，光到达以后就会在两端爆炸，对，就是这样了！”

“也好……在行驶中的火车观察，光速是定值，所以，中部发出的光线会同时到达两端，于是，A，B两个人同时举起……”

“不对，是‘轰隆’的大爆炸！”

“总之，对A、B两个人来说，看到前后的爆炸是同时发生的。”

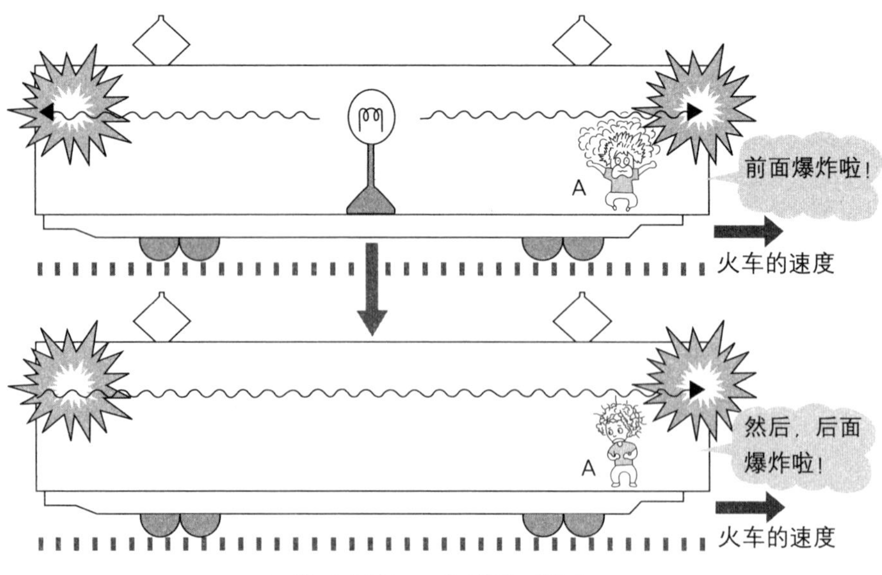

▲ 在A看来……先看到？同时？

“啊？站在前面的A不应该后看到后面的爆炸吗？因为光的传播需要时间啊！还有，您刚才说‘看到的爆炸是同时的’。”

“照这样说，对站在后面的B而言，是后面先爆炸的？”

“看来说‘同时看到’不妥啊，在A看来，距离他较近的前部先爆炸。但是，我们所说的‘同时发生’，不是先看到的是哪一个；而是说‘同一时刻发生’。”

“是的，‘同时’不是‘看到的时间’，而是‘发生的时间’。”

“这是个经常被弄混的问题，要注意啦。‘同时’是‘现象在同一时刻发生’，需要加上光线传播所需的时间，考虑现象发生的时刻。在此基础上，我们重新考虑一下刚才的假设。从火车中部发射的光，‘同时’到达，不，爆炸。”

“对，‘轰隆’一声！”

“再说具体点，我们假设光12点整发出，到达两端的时间需要1秒钟。”

“1秒钟？光的速度是每秒钟30万千米！这个火车可能有30万千米长吗？”

“光是向前后两个方向进发的，那就是说，火车是60万千米啦。”

“60万千米是有一点儿长。为方便起见，我们就暂且定为1秒。”

“明白了！”

“首先从A同学的角度出发。光线12点整从中部出发，12点零1秒时，A，B两点发生爆炸，A看到的是A点的爆炸。2秒钟以后，他看到了B点传来的爆炸。虽然A先看到了A点的爆炸，但知道火车长度以及光速的时候，就可以算出B点发生爆炸的具体时间。因为光线从B点传到A点需要2秒钟，所以，B点的爆炸是在12点零1秒时发生的。据此可以得出结论，A，B两点的爆炸是同时发生的。”

“说什么呢，乱七八糟的一大堆。”

“你只要考虑‘时刻’就好了。”

“还是真由美的解释好明白，山扣嘟嘟囔囔一大堆，不知所云。”

山口老师的情绪一落千丈……

“觉着还是有点儿不对劲。对了，A、B两人都要取名字。”

“好啊，我是A，健是B，就是‘boss健一’。山口老师，随便叫个C得了。”

“我是‘boss健一’？还真像个头目哩。”

“为什么我竟然是‘随便叫个C得了’？”

“好记就行了，没什么特别的意思，不要多想啊。”

“好吧……下面我们看一下观测者B的情况。12点零1秒两端发生爆炸时，‘boss健一’看到了B点发生的爆炸，2秒钟以后，他看到了A点传来的爆炸。因为知道光的传播速度，可以算出A点的爆炸时间为2秒前的12点零1秒。”所以说，真由美和‘boss 健一’的结论是一样的，A，B两点同时发生爆炸。”

“虽然有些混乱，但只考虑‘时刻’的话，肯定是同时啊。”

“是的，健好像也懂了。”

“当然了，才见识到我这个‘天才’的本事！”

“是‘天灾’才对吧？”

“总而言之，从火车的各个角度出发，爆炸都是同时发生的。”

“本来就是同时发生的爆炸，可不就是从哪里看都一样嘛。”

外部看“同时”

“并不是从哪里看都是一样的。我们这次从火车外部观察，相同的情况，观测者C静止站在车外。”

“C不就是山扣嘛。”

“是啊……假设与先前相同的情况，行驶中的火车中部有光线发出，从外部的观测者C，山扣，不，在我看来，光线向两端传播的同时，火车并没有停止运动。对于以一定的速度传播的光而言，位于B点的‘boss健一’按照火车的速度向光靠近，所以首先在后部爆炸。此时，光线尚未到达A点，所以，A点还没有发生爆炸。”

“怎么会？”

“然后，A点在光线到达时才发生爆炸，所以，在车外的C看来，两端的爆炸是先后发生的。先是后面的‘boss健一’，然后是前面的真由美同学，与其说是看到，不如说是‘发生的时刻’。”

“等等，一会儿说同时，一会又不是了，到底怎么回事啊？”

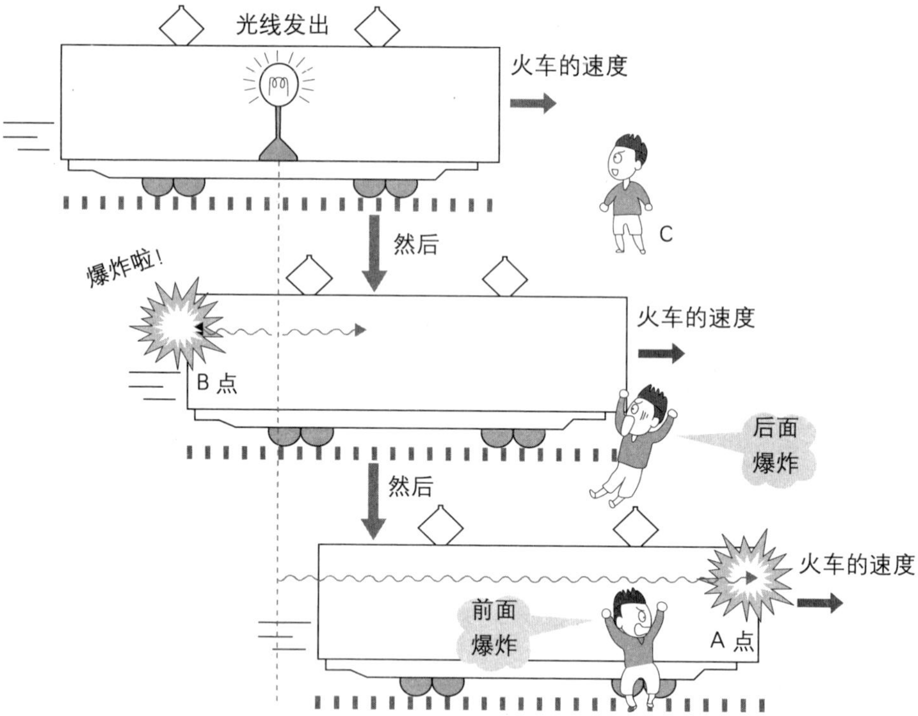

▲ 从外部看来，不是同时！

“是啊，哪里出问题了呢？刚才还说是同时，刚才是在车上进行观测，这次只不过换成了从外面看，难道就是因为这点？”

“是啊，按照常识，根据人的不同‘同时’都会发生变化，‘我的同时’和‘你的同时’，太奇怪啦！”

“虽然如此，我刚才的推导过程，你们也没有异议啊？为什么会觉得想不通呢？”

“按照常识，同时就是同时！”

“应该是常理吧，什么是‘常识’呢？”

“连这点都要问，‘常识’就是‘常识’，唉，我又说错什么了？”

“是有些怪。”

“仔细想一下，常识不见得是‘正确的事情’，而是我们从小到大的经验，是经验的累积。你们两个不都说火车不可能那么长吗？这里的假设就是这样不符常规，是我们没有经历过的。”

“所以，得出不符常规的结论也是不足为奇的。”

“是的，自然有些事实是没有经历过的。”

“噢！山扣，什么常识常识的！”

“唉！健也不符常规啦。”

“同时”是相对的

“用符合常识的‘速度的相加性’得出的‘同时的同时’；用不符常规的‘光速是一定的’得出的‘同时的不同时’……如昨天所说的，爱因斯坦选择了‘光速不变’。”

“不愧是伟大的科学家！”

“假设光速一定时，火车上看来是同时发生的现象，在车外的人看来，不见得是同时。同时不是绝对的，根据观测者会发生变化，同时是相对的。”

“‘同时是相对的’？太酷了！”

“真是的，理解内容才是最重要的。”

“我刚才想了一下，不是说看的人不同‘同时’也会发生变化嘛！我可以围绕这点写推理小说啦！嗯，题目就是‘光号谋杀’。”

“是挺有意思的，你写一下试试吧，健。”

“好，目标就是头号畅销书，从今天开始努力喽。”

好像挺兴奋的健，开始考虑自己的小说……

“火车的最前部发生了谋杀案件，罪犯却有在火车尾部休息室的不在场证明，但是名侦探健慧眼识破真相，最终将罪犯绳之以法！最后的经典台词为‘事实，不一定囿于常识’，怎么样？还不错吧。”

“太棒了，我喜欢！”

“还有，我聘请山扣老师担任‘理论顾问’。”

“‘理论顾问’？好！我们来算一下，新干线的长度是 200 米，速度为 300 千米／小时……”

山口老师开始了好像很难的公式计算。

“谋杀现场与不在场证明的时间差为 0.0000002 秒。”

“那么短的时间！犯人没法脱身啊？我的大牌作家梦……”

失落的健……

“把犯人设为飞毛腿就行了……”

“(气人)……”

“健，你可以把车长设为 1000 千米，这样时间就应该没问题了，具体情况我来算一下。”

看着认真计算的山口老师，健更加沮丧了。

第四节

时间减速

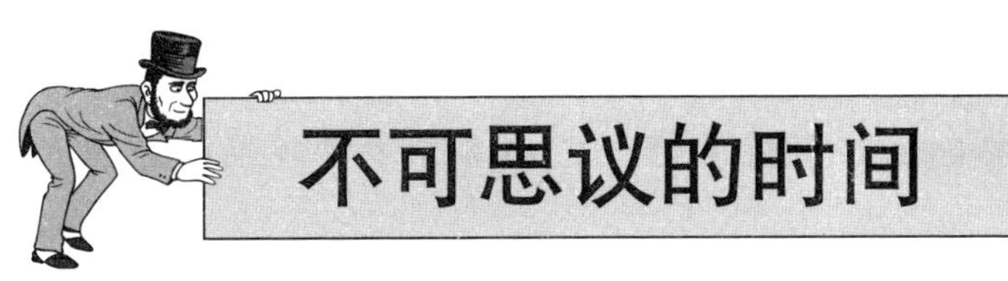

健想到自己的作家梦这么快就要落空了，瞬时变得特别失落。

“健，没关系的！人生不能寄托到一件事情上，应该脚踏实地。”

“是啊！人生取得巨大成功的概率还是有的，必要条件是脚踏实地……健同学，我们今天进入一个新的话题，‘不可思议的时间’！也许会对你的作品有所帮助。”

“是有意思的话题吗？”

“当然了！或许比‘同时是相对的’还要神奇呢！”

“噢！畅销作家之梦！”

很快恢复的健，是心理素质好……还是单细胞……

“比‘同时性崩溃’还有意思？时间机器？”

“某种意义上是有些挂钩，简言之，就是‘时间的行进’。”

“无论对谁而言，时间都是同样的流逝吧？”

“对，小学四年级时，由美子老师就教过我们。”

怎么回事，健突然开始了多愁善感……

“由美子老师说，无论人富裕或者贫穷，英俊或者丑陋，时间是平等的。而如何加以利用则在于个人的努力！她还鼓励我们都要加油，说得真好……由美子老师现在还好吗？好想念……”

不知为何，健的脸好像红了……

“健，你是不是崇拜由美子老师啊？”

“真由美胡说什么呢，跑题啦！”

“好了好了，一般人都认为时间毫无差别，像大河一样流淌。”

“本来就是啊。”

“那就让我们考虑一下时间的行进。首先需要测量时间的‘光表’。”

“光表？是那种闪闪发光的吗？”

“我也想要一个。”

“是利用光测量时间的装置。”

“啊（有些失望）？”

“如下图所示，P点发出的光经Q反射回来，调节这个筒的长度，假设来回正好需要1秒的时间，就可以测量时间了。”

“光速为30万千米/秒，那这个筒的高度要有30万千米呢。”

“什么啊，因为是往返，一半就够了。”

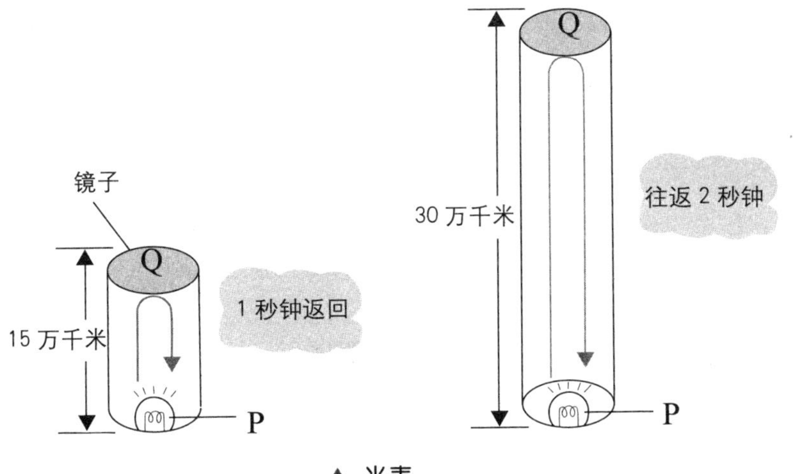

▲ 光表

“是啊，但像健一同学所说，单程 1 秒钟比较容易计算，我们就假设筒高为 30 万千米。”

“筒高 30 万千米？物理学家，的确，不走寻常人的路。”

内部与外部的观察

“下面，我们仍假设有一辆行驶中的火车，有一个光表可以测量火车内的时间。将光表竖直放在车内。光线从光表的下端 P 点发出，车上有观测者 A 和 B，站在 P 点的是真由美同学，站在 Q 点的是健同学。光线经过 1 秒钟到达 Q 点，反射的光线仍然经过 1 秒钟返回到 P 点，所以，光表中往返共经过 2 秒钟。也就是说，对于车上的真由美和健同学而言，经过了 2 秒钟。”

“不只是光表，火车上不都是经过 2 秒钟吗？”

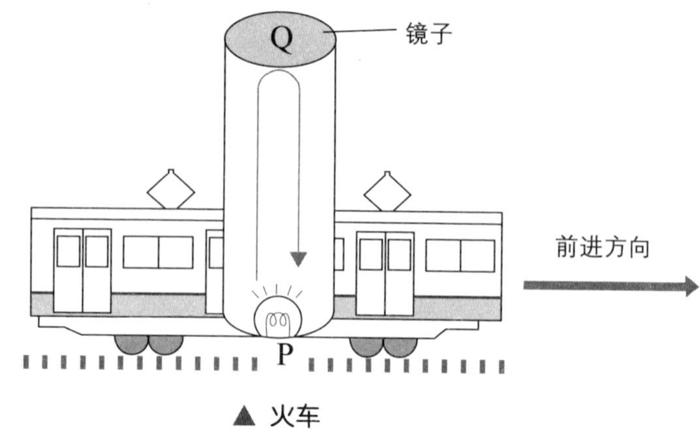

▲ 火车

"有什么好讲的？表上经过了 2 秒钟，就等于时间过了 2 秒钟啊！"

"但对于站在车外的C而言，也就是我，又是什么样的情况呢？"

"怎么回事？为什么突然冒出个'山口老师'？"

"不管怎么说 2 秒钟还能有什么变化？本来就是同一件事情嘛！去 1 秒 + 回来 1 秒 =2 秒钟！"

健一脸坏笑好像要嘲笑着魔的山口老师……

"让我们仔细研究一下，P 点的光线如图所示到达 Q 点。"

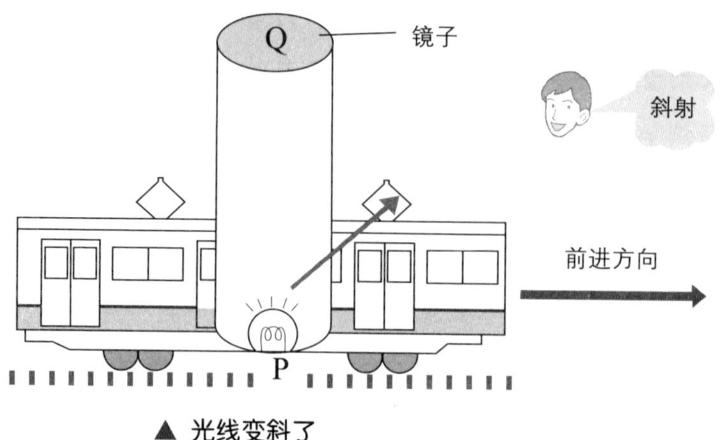

▲ 光线变斜了

“等等，光线怎么是斜射的？同一个现象，当然是直射了！”

“健怎么还不明白啊？如果光线直直地（垂直发出）的话，由于火车一直在行驶，所以P点发出的光就到不了Q点啦，你看下面这个图。”

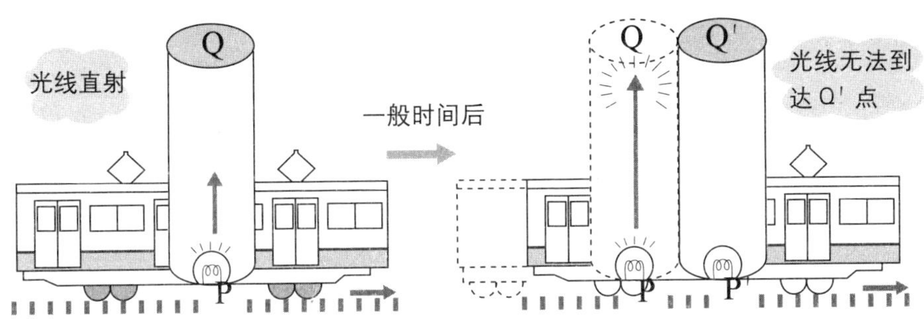

▲ 直射的情况下，无法看到光线。

“噢，光线是无法到达Q'点。”

“车内和车外的人要看到同一个现象，光线就必须斜射。看下面这个图，从车外来看，真由美同学所在的P点发出的光，在Q'点反射（因为火车在行驶）。然后继续斜射，回到真由美同学所在的P''处。”

“总之，健先看到我这里发出的光，然后再被我看到。这

▲ 光线是斜射的

个现象是内外相同的！”

“对！你们都没想到吧？如果光线是垂直发出的话，在车内的人看来，真由美可以看到反射回来的光线；但在车外的人看来，反射回的光线真由美是看不到的。”

“唔（似懂非懂的表情）！”

“这是个难点，很多人都理解不了这个‘同一现象’。”

“是吗？看来不是我一个人啊！”

笑好像会传染……

“那么，车外的观测者看到的情况是怎样的呢？在我看来光线是斜射的，但车内的人看到的却是垂直的。最重要的是，光速……”

“我知道！光速是一定的！”

又是很大的喧哗！

健好像也意识到情况不妙，吐了一下舌头后低下了头，一直盯着自己的手掌心……

“没错！这点不要忘记！于是时间就会改变速度……”

“车内的人看到的是左图所示，光线是直射的；在车外的我看来，光线如右图所示是斜射的。光速是一定的，但是

PQ'之间的距离大于30万千米，1秒钟以后光线仍不能到达Q'点。”

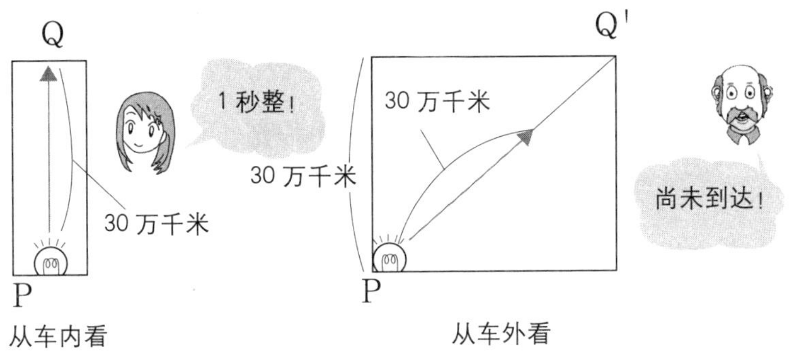

▲ 从外面看，光线尚未到达！

“好了，终于要开讲今天的主题——‘时间的行进’。”

“这么说来，到达车内的健处需要1秒钟，而在车外的山口老师看来，需要的时间大于1秒钟。也就是说，内外的时间速度不相同。就是您刚才提到的‘时间并非一视同仁’？”

“原来如此！就像‘我的同时与你的同时’一样，这里应该是‘我的时间与你的时间’啊！”

“没错，我们接着往下看。”

“虽然里面看来是1秒钟，其实外面看来还没到1秒。这样说的话……我明白了，外面的时间过得慢。”

“不对不对，再好好想想。”

“嗯，当光线照射到镜子时车内经过了1秒钟，但是在车外的山口老师看来，光线比30万千米走得更远。”

“我知道了！在外面的山扣看来，需要比1秒钟更长的时间。也就是说，同一个现象，山扣的时间需要得更长，就是……嗯……（思绪有些混）真由美，轮到你了。”

“好的，在健看到光的时候，车内经过了1秒钟；但按照车外山口老师的‘光表’，时间长于1秒钟。所以，在车外的山口老师看来，车内的时间过得慢。”

“没错！”

为什么连山口老师都开始大声嚷嚷？

“呵呵，真由美同学回答得太棒了，有点太兴奋了。哈哈哈……”

“‘大声嚷嚷’的传染性也太强了，山口老师竟然也……都怪健这个传染源。”

“山扣不错嘛！我们都是实话实说的‘健康人’（嗤笑）。”

“那我要是坐飞机的话，就会比地上的时间过得慢了？”

“不错，如你所说。”

“那我就一直坐飞机，比别人过得慢的话，嗯……我就能长生不老了！”

“说什么呢？怎么可能？”

“在飞机上，时间的确比外面的人过得慢。”

“我的目标是飞行员！这样我就可以长生不老！”

“你没听清我的意思吧？”

“哪里错了？快跑的话寿命就会延长，不就可以做很多事情了吗？”

“我说的意思是，外面的人过了100年，飞机上过了50年，理解错了吧？”

“啊？”

“飞机上时间过得慢，所以外面过了100年，里面才过

50 年！山口老师的意思是寿命只有 50 年，对吗，老师？”

“对，没错！”

“也就是说，飞机里面放慢了速度，时钟走得慢，东西掉得慢，健的脑细胞也会放慢速度，总之，一切都慢了一拍！”

“是的，时间虽然慢了，但对本人来说仍是同一‘期间’，就像准备考试一样，在飞机里复习一个小时跟在外面是没有差别的！”

“岂止？本来可以复习 6 个小时，健快跑的话时间就过得慢了，最后只复习了 3 个小时。”

“哼！要考试就不跑了呗……”

时间减慢了多少

“不仅如此，按照一定速度运动的话，还可以算出时间慢了多少呢。光速仍为 c，车速为 v，光行进的距离为……对了，你们还记得毕达哥拉斯定理（勾股定理）吗？应该学过的！”

山口老师又开始在白板上写算式……

“什么‘宇宙语’（健对公式的读法）？”

“假设在车内的人看来，P 点到达 Q 点的时间为 t_0，在外部看来，P 点到达 Q' 点的时间为 t。”

“t_0 不就是 1 秒钟吗？”

“你说的没错，但我们需要定量的研究，所以这样表示。”

“啊？”

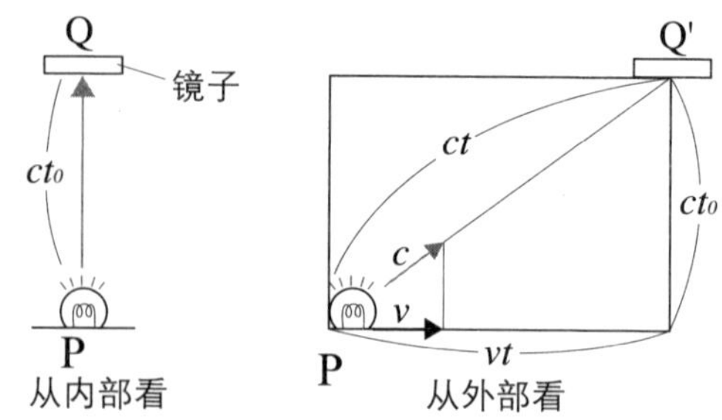

▲ 计算时间的速度

“这是个直角三角形，根据勾股定理，$(ct)^2=(vt)^2+(ct_0)^2$。”

“啊？”

“所以，$t_0=\sqrt{1-(\frac{v}{c})^2}\cdot t$（时间膨胀的公式）。”

“啊？”

“根号下的算式肯定小于1，所以 t 大于 t_0，外面的时间已经过去 t 了，而里面的时间刚过去 t_0。”

“啊？”

“也就是说，外面的时间已经过去很久了，里面的时间还没有那么长。”

“还是不懂啊。”

“在这个式子里，车内的时钟过得慢，也就是……”

健的脑细胞急转直下！

感觉眼前又将晕眩……

眼睛很难睁开，撑不住了……

健踏上了一个人的旅程……

神奇之旅

寻找外星球的奇妙生命

蔚蓝的天空一望无际， 空气清新，万里无云。

这里是四国地方的德岛县池田町“宇宙中心”，巨大的舱盖下是最新型的宇宙飞船，巍然屹立于半空中，整装待发。利用核聚变作为动力，液体氢已经满载，所有的检查工作已经完毕，只等乘务组员到达以后升空。

巨大的宇宙飞船发射场外聚集了数十万的观众，人们等待着英雄的到来。

女主持人：“（站在摄像机前，扶了扶太阳镜）世界各地的观众朋友们，宇宙飞船很快就要升空！大家知道，3 个月前发现在天鹅座方向，可能在距离地球 3 光年远的神秘天体上存在外星生命，为此选拔了 5 名宇航员，宇宙飞船‘YAMAC—1 号’很快就要发射了。”

乘务组的人员刚一出现，全场的呼声顿时响起。

“喔……”声音震耳欲聋。

队伍末尾的年轻人一边挥手一边走来，头发横七竖八地翘着。

女主持人："观众朋友们，眼前的这位就是年轻有为的队长，今天刚迎来20岁生日的健一！"

"喔……喔……"欢呼声提高了很多分贝。

健："大家好，你们可以叫我健一队长。"

女主持人："健一队长你好！此次任务责任重大，可谓关系到人类的未来……"

突然响起了一个很大的声音……

俊一："健，这里！"

健："俊一哥，你来送我吗？"

女主持人："……健一队长……"

俊一："我怕你路上饿，这是在便利店买的便当。"

健："太好了，是我最喜欢的鲑鱼便当，谢谢大哥了！"

女主持人："……健一队长……"

女主持人实在插不上话，只能急忙转向摄像机。

女主持人："观众朋友们，大家好！健一队长和俊一是双胞胎兄弟，就像很多双胞胎兄弟一样，责任感很强的哥哥加上生龙活虎的弟弟……"

健："嗯？你说什么？"

女主持人："没什么……"

真由美："健，总算赶上了。"

又是一个超级大的嗓门……

女主持人心想这小丫头是谁啊？好像比我还年轻……

华丽登场的真由美手里拿着一个小箱子，还用很可爱的小手绢包好了，是什么呢？

真由美：“健，我觉着你可能吃不惯旅行中的饭，这是特地做的便当，还有生日礼物。”

健：“哇！是我最喜欢的鲑鱼便当！你亲手做的？谢谢！”

刚才还是个宝贝一样的俊一的便当，被胡乱地塞到了包里。健紧紧地抱着宝贵的“亲手制作的便当”。

俊一：“喂！我拿来的便当，你准备怎么办？”

健：“没关系，我回来的路上吃！保质期……过个两三天也没事的，我的肚子是铁打的。”

俊一：“铁打的才生锈呢，为什么回来才吃我的？”

女主持人：“（无视两兄弟）这位可能就是健一队长的女朋友，她为自己的爱人能圆满完成任务而祈祷，一定是饱含爱情制作的便当！”

这个记者脑子里想什么呢……

健：“真由美，你手里拿的什么啊？”

真由美：“这个是，我听说这次任务很危险，就想着给你买个生命保险……你，你能签个字吗？”

健：“噢，是这样啊？”

隔了一会儿……

健："等一下！为什么保险的受益人是你啊？（怒上心头）你不是希望我回不来吧？"

真由美："没，没有，就算是买车，你也该，该买保险啊。"

健："不行，我不同意！你说话怎么这样啊，吞吞吐吐的，对了，你也要跟我一起去！"

真由美："不行的，我这周的报告还没写呢……"

健："回头再说……"

女主持人："事情出现变化，好像那个女孩也会登机……"

一站通的"班车"

健和真由美走到宇宙飞船前停了下来，抬头仰望这个最新科技的研究成果。

健："这是宇宙飞船吗？怎么觉着是个公交车啊！"

突然响起了一个声音……

山口博士："根据最新的宇宙飞船研究成果，这是最合理的宇宙飞船样式，请大家放心乘坐。"

健："这是谁啊？"

女主持人："大家好！这位是世界级的顶尖物理学家，这辆公交车，不，这个最新型宇宙飞船的设计者——山口博士。”

健：“是吗？刚才看到这个迷迷糊糊的大叔，我还以为是我家附近那个阿黄呢，你们叫他山扣就行啦。”

女主持人：“山扣，有很多人说这个最新型宇宙飞船很像‘一站通的班车’……”

山口博士：“（怎么这样叫我）看起来，宇宙飞船‘YAMAC-1号’的确很像‘一站通的班车’……但它的动力装置利用了核聚变反应，产生的能量利用 MHD 发电原理转换成动力，全是最新的科研成果。”

女主持人：“那么，它的可靠性、安全性如何呢？”

山口博士：“虽然时间不是很充分，实验也没有最终完成，但应该没有问题……”

健：“喂，这话也太不实际了……”

健和真由美略显担心……突然间，健大嚷起来。

健：“我知道了，山扣，以防万一，你得跟我们一起走！”

山口博士：“不行，我还要做地面指挥呢……”

健：“没事，你跟我们一起走……”

健不由分说拉上了山口博士……

自己的步骤被完全打乱的女主持人一下坐到了健旁边的座位上。

女主持人：“健一队长，关于此次任务，您是否下定了决心……”

健："要出发了，没时间让你下去了。你也一起去吧，这样就不怕没时间采访了……"

女主持人："不行不行，我还要去买新上市的秋季太阳镜呢……"

健："回头再说吧，不过幸好有备用座位，山扣有时还起点作用呢！"

健很快放好备用座位，让女主持人坐在上面。

操作员："健一队长，这里是发射基地。一切状况良好，发射准备业已完毕，但乘务组好像多了3个人……"

山口博士："多了3个人对任务没有影响。"

操作员："请问是山口博士吗？您也一起参加探测吗？"

山口博士："我是被他们……"

健："对，山口博士不愧是一流的科学家，非常有责任感！"

山口博士："呵呵呵……对，我也跟他们一起去。"

操作员："好的，请山口博士注意身体。"

终于，健来到了驾驶席，不，是操纵席，看着一大堆的仪器。看那认真的表情，还蛮帅的呢！坐在斜后方的真由美看着健的侧脸止不住心跳加快……

健就像觉察不到真由美那火辣的眼神一般，自顾自地从包里掏出一本崭新的书。真由美也瞥到了题目《连猴子都能学会，初级飞船操纵技术——你也可以成为宇宙飞船的船长》。

真由美："唏！"

健："真由美怎么这样的表情？怎么了……"

看完前面几页的健转向队员们嚷道。

健："伙计们，出发了！"

队员们："是！"

山口博士："我也是'伙计'？"

真由美与女主持人："为什么我们也是'伙计'？"

无视 3 个人的不满，健踩下了开关。

"咚，咚，咚，咚，咚，咚……"巨大的加速度，核聚变的振动使车上全员毛骨悚然！

健："山扣，晃这么厉害没事吗？"

山口博士："没事吧……"

健："好！"

健又加了两档。宇宙飞船怎么会有齿轮？莫非是'指南任务'？

"咣，咣，咣，咣，咣，咣……"

全体组员："怎么回事？怎么开的？"

地上的欢呼声："喔！喔！喔！"

"加油！"

"一定要拯救地球啊！"

"妈妈，我也要开那个公交车！"

暂别地球

宇宙飞船继续匀速飞行，已经脱离了地球的重力圈。车内，不，是机内……

健：“朋友们，小心了！我们很快就会飞出太阳系，啊！是火星，木星，土星，金星……（好像把顺序说反了）我们要暂时离开地球了，打个招呼吧！”

说完以后，健来到后面的窗户前向地球挥手，其他组员也纷纷向地球告别。

“再见了，不过很快就会回来的。”

真由美：“论文，该怎么办呢？”

女主持人：“我的秋季新款太阳镜……”

山口博士：“无故缺课，不要被开除才好。我的人生是……”

队员：“健一队长，有来自地球的联络。”

操作员：“嗞嗞嗞……这－里－是－地－球－控－制－中－心，请－回－答。”

不知为何，地球那边说话的速度很慢。

健:“这里是‘YAMAC—1号’,健一队长。一切正常,请讲。”

俊一:“嗞嗞嗞……是－我－,你－把－便－当－吃－了－吗?”

健:“嗯,我还不饿呢,你们都怎么回事啊?怎么都慢慢腾腾的?”

俊一:“嗞嗞嗞……是－你－那－边－的－慢－镜－头－而－已。”

全体队员(山口博士除外):“啊?”

俊一:“嗞嗞嗞……你－记－住－就－行－了,那－个－便－当－快－过－期－了。”

健:“怎么可能,不才3个小时嘛。”

俊一:“嗞嗞嗞……你－胡－说－什－么－呢,都－已－经－过－去－3－天－了。”

来自地球的信号变成了“嗞嗞嗞……”

队员:“健一队长,宇宙飞船进入了磁场,与地球失去联系。”

与地球失去了联系,机内被不安感所笼罩,就连健的脸上也露出了担心的神情。

健:“鲑鱼便当,要不要赶快吃了呢?”

……的确是“英雄”,连考虑问题的角度都不同寻常……

健:“你们说是怎么回事,地球上那些人说话慢慢腾腾的,一个比一个迟钝，太奇怪了！”

山口博士：“原因是这样的，我们的速度太快了！”

机内的警铃突然发出了怪叫，计算机合成的声音在大家耳边响起。

计算机：“本机很快将抵达目的地。”

健：“大家快做好准备，已经可以看到目的地了。”

山口博士：“所以我说时间的行进……”

健：“减速！震动准备！”

健不断地退档，踩刹车。尖厉的声音响起。

宇宙飞船迅速减速。

全体人员：“啊……啊……”

疾速刹车的后果：安全带快要勒进肉里。

真由美：“（怒气冲冲）健，怎么开成这样……”

女主持人：“啊……”

女主持人的脸撞到前面座位的时候，眼镜竟然被压扁了。女主持人哑口无言……

山口博士好像也撞到了鼻子，失神似的嘴里冒泡，他一向都这么可怜……

健：“好！在前面的高地着陆。”

队员：“前方高地为 W3.08，E3.28……到达目的地！”

“轰轰轰……”好像撞坏了什么……

神秘的外星球生命

很快将返回地球啦！

健：“哇，好惊险的探险！没想到外星球生命是那样的……实在是没想到啊！”

一面吃着鲑鱼便当一面回想的健，保质期！没问题吗？

真由美：“有什么怪物吗？”

女主持人：“你是说那个蟑螂大小的生物吗？”

女主持人心疼地摸着自己的太阳镜。

山口博士：“这样说来的确有一个呢，那个是怪物吗？”

山口博士以外的 3 个人：“这个家伙当时怕成那样，还真能吹。”

队员：“健一队长，很快将进入地球大气层。”

健：“好，伙计们坐好了！减速！”

又是急刹车！

安全带勒进身体。

全体人员："啊……啊……"

舱内的惨叫声不断。

宇宙飞船安全返回地球轨道！

女主持人的太阳镜快要吃进嘴里了。

山口博士快要昏迷了，不光是鼻子，连额头也没有逃掉撞肿的厄运，真是祸不单行啊……

操作员："这里是地球控制中心，健一队长，欢迎您的归来！"

健："大家好，好久不见啊！联系的信号太差了，可担心你们了呢。我们发回的'地球外生命大发现'收到了吗？"

操作员："收到了！地球上正争相放映呢，我们会远程操作实行着陆，请您放松……"

健："太好了！"

大哥是总统

安全返回地球！

因为"地球外生命大发现"新闻的播出，"宇宙中心"里聚集了更多的人。

在宇宙飞船着陆的同时，巨大的欢呼声此起彼伏。打理好头发的健走在最前面，全体队员开始出飞船……

“喔……喔……”

记者：“听说你们遇到了地球外生命，详细情况是怎样的呢？”

健：“感觉就是个‘怪兽’！”

真由美：“很小，很可爱的生物！”

女主持人：“就是一蟑螂。”

山口博士：“体长3.28厘米，应该是属于节肢动物的新型生物……”

俊一：“健，你还好吗？”

健：“这声音是我大哥的啊！不是吧，你怎么变得这么老了？”

旁边的男子：“这位是地球联邦的总统，请你注意自己的用词……”

俊一：“健，你还是老样子啊！”

健：“当然了，一个星期我能变哪去。你是怎么回事啊，一个星期就成总统啦？”

俊一：“说什么傻话呢，都过去10年了！”

健：“怎么会？我刚才把便当吃了！”

俊一：“鲑鱼便当？是啊，临走的时候是给了你一份，刚才吃的？健，你的肚子没问题吧？”

两人的谈话好像不太合拍。

山口博士：“这就是相对论的效果。”

健：“我也知道！高速运动的时候，时间会放慢速度……”

俊一："是这样啊。宇宙飞船的速度非常快，相对于地球而言，时间就过得特别慢，所以，我们这对双胞胎兄弟就变成了这样……"

山口博士："是这样的！舱内的我们刚过去一周，地球上的人们已经过去了10年。"

真由美："10年？我的报告怎么办？"

年轻与衰老

健："等一下！山扣，你说的这个相对论，我不认同。"

山口博士："啊？"

健："虽然说我们在动，加速和刹车的时候的确在动，然后就特别安静了，就像静止一样。所以，在我们看来，是哥哥和地球在动。"

俊一："不对，在我们看来，是宇宙飞船在动。"

山口博士："所以才说运动是相对的。"

健："就是说，在我看来是哥哥在动，在哥哥看来是我在动……"

真由美："运动一方的时间过得慢？"

健："所以哥哥应该比我年轻才对啊！"

俊一："不对，在我看来，你应该比我年轻才对。"

大家："啊？"

健："要说是相对的话，哥哥给我的便当应该是哥哥的啊……10 年前的东西。哇！肚子开始痛啦！”

山口博士：“不对，因为所有权是相对的，跟我们在一起的便当应该跟我们一样，一周！所以，没问题。”

健：“嘿嘿嘿……真的不疼了。”

真由美：“一周前的便当，怎么会没问题？”

俊一：“博士，便当的话题有些问题，您说运动是相对的，那就是说看法也是相对的，我们都看对方更加年轻吗？”

健：“但是，在我看来，哥哥都老成大叔了。”

山口博士：“最重要的是要弄清楚什么是真正的‘相对’！”

山口博士一副自信心十足的样子，似乎谜底很快要揭晓。就像往常一样，来了个障碍物。地球联邦的总统（俊一）突然发现了什么，大嚷起来……

俊一：“健，刚才光线问题没有看清楚，你的左半边脸怎么这么老？”

健：“你的左半边脸怎么这么年轻？”

健赶快抬起左手，老年人才有的布满皱纹的手。

俊一抬起左手仔细看，完全是年轻人的手。

健：“这个左右的差别，是相对的吗？我是左半边，啊！难道说我的心脏已经老化了？”

俊一：“我右边的盲肠好疼啊！”

山口博士：“我的头，好疼啊！”

第五节

双子佯谬

“砰！啪！”靠在研究室桌子边打盹的健摔了一下。

“不要啊！世界，我的左手，我的心脏……老头子……”

“说什么梦话呢？”

“我是老头子？”

好不容易睡醒的健，一边还揉着眼睛。

“从看到那个公式开始的，对不起啊，嘿嘿嘿……”

“睡得还挺香！快擦擦你嘴角还有桌子上的口水吧！”

“没关系，谁都有不擅长的方面，不用太在意。”

“不愧是世界级的物理学家！”

“（嗤笑中）也说不上世界级啦，虽然不排除其可能性。”

“对了，我做了个很长的梦噢，说给你们听。”

“很长吗？”

“没关系的，他肯定说不了多久。”

“首先要讲的是我的老家，那是个山清水秀的好地方……”

“完了，好像真的很长呢……”

“……我有一个双胞胎哥哥……

“……作为探险队的队长……

“……乘坐最新型的火箭……

“……吃了鲑鱼便当……”

“嗯？”

“……回来的时候哥哥已经很老了……

“还有……我的左半边脸也变老了……

“讲完了，怎么样，有意思吧？”

“（好累啊）嗯嗯！真有意思。”

“有意思！这么说来，健同学还是个睡眠学习的能人呢！你的梦中出现了很多我刚讲的内容。”

“是吧？我也这么觉得。”

“这么说来，他不是为上课时睡觉找理由啊。”

“所以以后别说我偷睡，我那是睡眠学习，睡觉也不能忘了学习啊！我真是个天才。”

“……”

是哪边在动

“对了，山扣老师，我半边脸老了半边脸还年轻，这是怎么回事啊？”

“还真没听说过。”

“但我刚才真的是左半边变老了，我还怕有个老头的心脏呢，不过这下放心了。”

“言归正传，我们说的是时间变慢了没有？也就是说，你跟你哥到底谁在动？”

“都快忘了这个问题啦！我觉得是哥哥在动，哥哥觉得是我在动。”

健抱着胳膊认真地考虑着，那眼神还真有点帅呢！坐在旁边的真由美看着健那绝少的认真表情，心跳加速。

过了一会儿，健好像出结果了，手腕也松开了……

“还是不行，我跟哥哥到底谁在动啊？”

“……”

“要点仍然是‘运动是相对的’，宇宙飞船没有摇晃或者震动的时候，无法判断自己或者对方在动，因为都觉得是对方在动。”

“嗯？那结论到底是……”

“说的就是‘不知道谁在动’。”

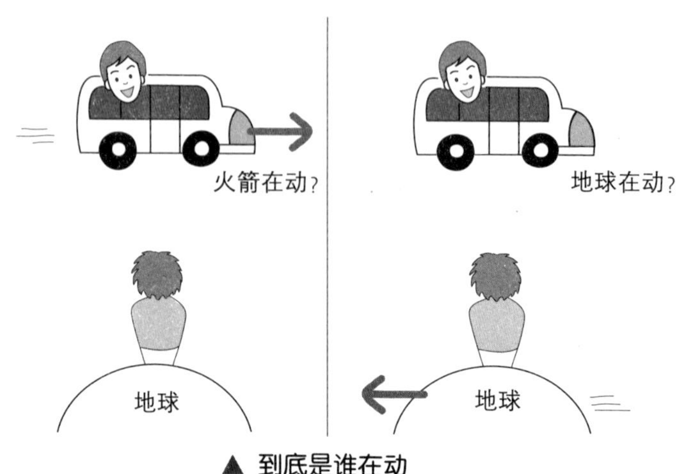

▲ 到底是谁在动

“不知道？你怎么可以这么回答呢！”

“那你让我怎么回答？运动一方时间过得慢，都觉得对方在动，都觉得对方时间过得慢……时间全乱啦！”

“宇宙飞船里和地球上是有不同，但没有矛盾。”

“为什么不矛盾？”

“地球上的哥哥和宇宙飞船上的健，肯定有哪里不对……”

“好的，让我们来仔细分析一下。首先是地球上的哥哥，在他看来宇宙飞船在动，所以健同学的时间过得比较慢；其次是宇宙飞船上的健，在他看来地球上的哥哥是慢的。”

“是啊！所以他们都觉得对方更年轻。”

“所说的矛盾，是什么呢？”

“健和他哥哥都觉得对方应该比自己年轻，怎么可能呢？”

“的确如此，怎么确认呢？”

“比一下不就出来了。”

“嗯！健在梦里不是回到地球见到哥哥了吗？所以在一起比一下……”

“意识到了吧，要想在一起就必须回去……等速运动则是回不去的。”

“是啊！等速运动不可能遇到的。但两人不在一起比较的话，就没有矛盾啦！”

“是的，健觉得哥哥的时间慢，哥哥觉得健的时间慢，但是两人不会碰到一起，所以不会有矛盾的。”

“但在梦里，实际上我回到地球了。”

“不，回不来的。”

“实际上，我的确回来了。”

“你们有什么好争的？健在匀速运动时回不来，所以，‘实际’上回了的话，那就是没做匀速运动呗。”

“对对对，我就是这个意思……”

“哪里提到了？不好好解释，谁能明白啊？”

“要是像刚才的梦那样，我要是回来的话怎么考虑呢？”

“是啊，真的回来时，健和哥哥的时间怎么办呢？”

“那就是有转弯的地方了，但这时需要速度的变化，也就是说需要加速运动，这时，只解释等速运动的狭义相对论就不够啦。”

“是啊！等速运动的是狭义相对论，一般情况下应该是广义相对论，老师刚才讲过的。”

“对，这里要用到加速运动时的广义相对论。”

“会变成什么样呢？”

“只是说还感觉不到，广义相对论，相当的难！”

“没关系，我是天才我怕谁。”

“你还是省省吧，前面讲到的麦克斯韦方程式，还记得吗？”

“唔……知道了，山扣，这次允许你只说结论。”

山口老师好像有点生气。

“……我知道了。说了你也不懂，只告诉你结论好了。”

这样说未免太过分了！

“我们来重新回想一下，去了宇宙中的健和留在地球上的哥哥，两个人不可能是完全对称的！健必须要回来！所以，加速运动的广义相对论需要使用了，虽然计算过程很复杂，结论就是……”

“（心跳加速）……”

“宇宙旅行的健时间过得慢，回来时仍很年轻；地球上的双胞胎哥哥时间过得快，变成了老人。”

“那就是说是健在动，也就是俊一对喽？”

“无所谓谁对谁错……等速运动远离的时候，总是感觉对方的时间过得慢。于是，加速运动出现后，时间的行进产生了不同。”

“好！我还是年轻帅气……”

“年轻虽然没错，谁说你帅气啦？”

“那，人家不是说嘛，年轻就是一种帅。”

“唉！我都一把年纪喽……”

“总之是健一在加速运动，所以他的时间比较慢。”

“是的，宇宙旅行那一方时间过得慢。”

“去旅行，然后没有变老，在哪里听到过？我想起来了，是‘浦岛太郎的故事’。”

"对，旅行后回来时不怎么变老的现象，就称为'浦岛效应'。"

"是吗？就像健和哥哥那样。"

"是的。就像健和他哥这样的双胞胎一样，这又被称为'双子佯谬'。"

"佯谬？是像列那样吗？"

"列？是数列吗？"

"老师您别在意，他说的是一部电影。"

"'数列'的电影？"

"佯谬，到底是什么啊？"

"就是反说。"

"反说，怎么可能？是'矛盾'？"

"不，佯谬与矛盾不同。反说看似矛盾，其实你会觉得'确实如此'。"

"什么啊？好好用日语说。"

"是日语啊！纯正的日语。比如说，'欲速则不达'就是一个佯谬。"

"这句话我也知道。"

"双胞胎的事情刚开始觉得是矛盾的，仔细一想又觉得'确实如此'，所以，这也属于'双子佯谬'。"

"老师，今天讲的'时间膨胀'真有意思。"

“是啊！对了，你们觉得爱因斯坦的想法如何？是创新思维吧。”

“我好像明白一点他的独创性了。”

“真是这样！以前只是听别人说他怎么伟大，今天才算知道一点为什么了。”

“你们不能人云亦云，要有自己的主见，自己的思想！自己感觉到的才可以称为‘科学’。”

“你挺能说的嘛！”

山口老师严肃的表情，无语……

侧面看到的真由美……竟然也不心跳了。

此刻，健心中有了个主意。

“利用时间膨胀，写畅销小说。”

很长时间的喧哗……

真由美杏眼圆睁。山口老师躲到了桌子底下。

“你怎么又这样呢？”

“不好意思啦，因为刚想到了一个好主意……”

“什么主意？”

“顶级机密，不过看在你们俩的分上，先说一些也无妨。”

“有什么呀……”

“（好像兴趣十足）……”

“既然你们这么想听，我就说一下大致情节吧！话说很久以前，远古的地球由恐龙王国所控制……”

“嗯……这些都知道啊！”

“这个恐龙家族高度发达，可以进行宇宙旅行……”

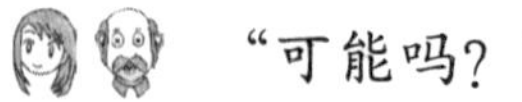

“可能吗？”

“有一天，特级探测队离开地球，高速前往恒星 X 执行任务。回来后却发现地球被一些不长毛的猴子所控制，它们发誓要把不长毛的猴子赶出地球，那些猴子非常害怕，称它们为‘高基拉’……”

真由美的大眼睛逐渐变成了一个点……

山口老师却……

“很不错！真有意思。”

“是吧？还是山扣能听懂，题目就叫作‘裸猴恒星’！”

“很好……”

臭味相投的两个人，黄河决口般不知何时结束……

真由美早回家了……

第六节

长度会“收缩”

不要横冲直撞

健和真由美同平常一样，说笑着朝山口老师的研究室走去。

“昨天讲的‘时间膨胀’真了不起，但我回到家后又想不通了。

“我特别喜欢看的那个‘星际大战’，‘猎鹰号’就可以超光速行驶，救人的时候一眨眼的工夫就到了。但要是照老师说的那样，等待救援的一方不知等了多少年呢！这样就打不赢帝国军团了。”

“健同学！科幻小说全是虚构，是科幻！”

“反正我就是想不通。”

就在此时，两人身边飞驰过一辆红色小跑车。

“啊？”

“好危险啊！飙车也不找个好点儿的地方。”

“你想什么呢？这么窄的路哪能飙车啊！”

“我鄙视的是它的车型，太难看啦！”

“真是的，还不是跟你的差不多。”

“我的全长不止1米呢！”

“那个车前面的徽标挺酷的！”

说着说着，两人来到了山口老师研究室的门口……

“你们好啊，又迟到啦！”

“都怪来的时候有一辆特别丑的红色跑车，所以才迟到的。”

“不是这样的。”

怎么觉得真由美跟没事人似的……

“我们俩是跑过来的，时间自然过得比老师慢，所以老师才误认为是我们晚了。”

“啊！我知道了，是‘时间膨胀’。”

“哈哈哈……又被你给驳倒了……”

测量行驶中的火车长度

“昨天我们讲了‘时间’，今天的是‘长度’。”

“跟昨天的‘时间’差不多，今天的‘长度’也是很基本的量……”

“不错。你们说一下什么是长度？”

“什么是长度？长度就是长度啊！”

“怪我没说清楚，这样说好了，如何测量长度？”

“那还不简单？用尺子量。”

单纯，爽快的答案！但脑子里的相对论跑哪里去了？

“你说的是没错，但是运动着的物体，比如新干线‘光号’迅速经过站台的时候，你怎么拿尺子测量呢？”

“这么说来我的‘光号谋杀事件’……”

“运动着有什么不一样吗？在站台上放一个特别长的尺子不就行了。”

“你说的也没错，只要确定车辆的首尾就可以测量了。问题是静止不动的测量者，可以同时确定车辆的前后位置吗？”

“嗯？”

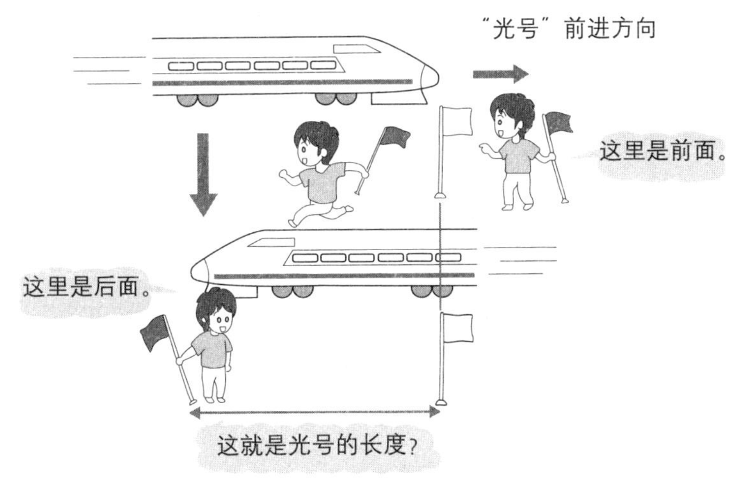

▲ 不同时做记号，是不行的！

“对！如果在某一时刻做好了前部的标记，等做好后面标记的时候，‘光号’已经走了很远，无法测量出其正确的长度。”

“同时刻！我想起来了，老师您说过‘同时是相对的’，咱们还讲过行驶中火车的同时性的问题。”

“真由美同学，你的反应真快啊！”

“说的是我俩在运动中的车上，山扣静止站在站台上，同一件事情一会儿同时，一会儿又不同时了，对吧？”

“对对对！你也记的不错嘛！”

山口老师看健也记得挺清楚，笑着解释了下去……

跑的时候会“缩短”

“今天，我们从‘长度’的角度看‘同时性崩溃’。从火车中央发出光线，站在A、B两端的两个观测者看到光后，分别在车外竖立一面小旗子。旗子分别是A'、B'。”

“一点儿气势都没有！你不会说可能要爆炸吗？”

“（无视健的不满）……在车内看的话，火车中央发出的光会同时到达两端，所以，车身长度AB和车外旗子之间的长度A'B'是相同的。”

“那是自然。”

“站在车外的人看来，光首先到达后部A，竖立一面旗子A'，然后在到达前部以后，竖立一面旗子B'，但是，这发生在两个不同的时刻，所以，旗子之间的距离A'B'并不是火车的长度。”

“A'B'比火车的实际长度要长！”

“所以，让我们重新考虑一下车内外的‘车身长度’。从车内的角度谈起，他们感觉车外在动。所以，他们认为比较长的A'B'就是车身的实际长度。”

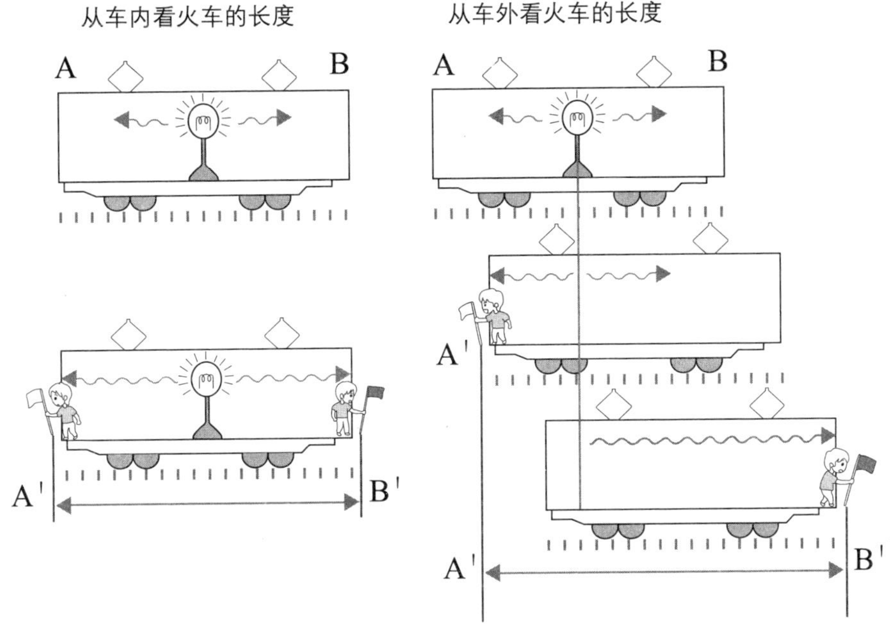

▲ 火车的长度，从里面和外面测的结果。

“那么，（健的头脑开始混乱）就是说……”

“山口老师，这种情况是说车外在动？”

“对！刚开始无法判断到底是谁在动，所以，在车内的人看来，是车外在动。”

“为什么举这个例子呢，太不好理解了！静止看的话，旗子间距是A'B'，运动以后就看似比它短的AB……”

“我明白了！在静止的人看来,运动的物体比实际的要短。”

“真由美同学说得很对。”

“原长是A'B'，运动以后就变成了AB……”

健看着白板上的图念念有词。忽然间，只见他猛地一拍桌子站了起来。

“原来如此。”

响彻云霄的高音！但是山口老师的笑颜没有发生变化，好像一点儿也不吃惊……

“健同学也懂了啊？不错不错……”

变短的程度

“这个例子不是很严密，但是我要说的意思你们明白了吧？”

“管它严密不严密呢！山扣，到底变短的程度有多少啊？”

“要说多少的话，就得定量了。”

“好，你尽管说吧。”

“定量？要有算式吧。”

“噢？是吗……”

健若无其事地从包里掏出一卷透明胶，粘在了眼皮上……

“有什么好笑的？管它外星人还是算式，我怕谁？”

“我们假设‘光号’的实际长度为 L_0，在车厢尾部发出的光重新回到尾部需要的时间为 t_0。”

“静止？那就是说从车内的角度看喽！”

“对！我们先来算一下车内往返的时间 t_0，光速为 c，$t_0=\frac{2L_0}{c}$ 假设‘光号’的速度为 v，当然这是从外面看。”

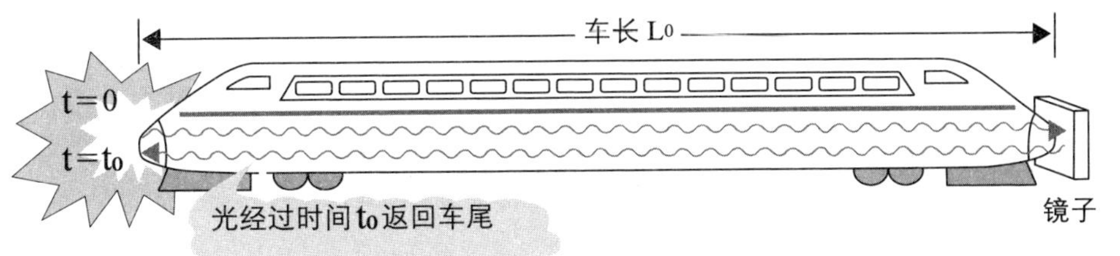

▲ 用光测量长度

“仍然需要光速一定！光速还是c？”

“对！假设从外面看到的车长为L……”

山口老师转身在白板上开始画图，不过还是不敢恭维……

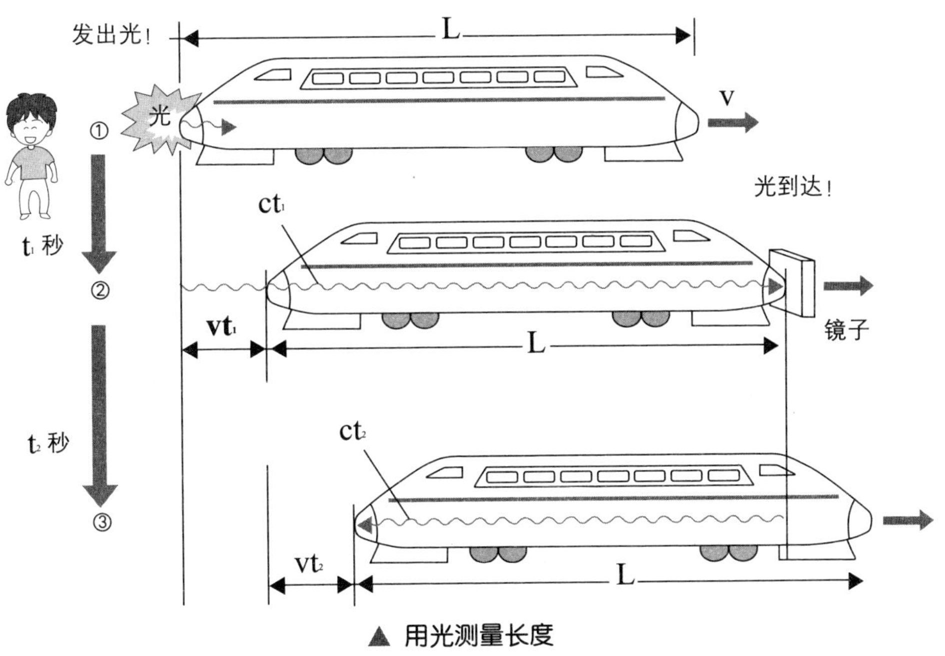

▲ 用光测量长度

“按照上面的图，我们仍然计算光往返所需时间。假设到达前部镜子的时间为t_1，光速为c，所以$L+vt_1=ct_1$，而$t_1=\dfrac{L}{c-v}$。”

“行了行了，这个过去吧！”

“健，你还行吗？眼睛都快成兔子的了！”

“我们接着看图，反射后的光回到尾部需要时间为 t_2，根据距离的关系式 $L-vt_2=ct_2$，$L=vt_2+ct_2$，由此可以得出：

$$t_2=\frac{L}{c+v}$$

“这就是从反射开始到最后的时间。”

“健，你真的没事吗？”

“没问题！”

“接下来计算光往返车厢所需的时间 t，$t=t_1+t_2=\frac{2Lc}{c_2-v_2}$ 这就是从外面看，往返所需时间。”

“刚才说的从车内看所需时间为 t_0，$t_0=\frac{2L_0}{c}$ ”

“没错！ t 与 t_0 的关系是……”

“静止不动的人的时间和运动中的人的时间，我知道了，咱们在第四节说过的‘时间膨胀’！”

“还是真由美同学回答得快。不错！那个时间膨胀的式子是：$t_0=\sqrt{1-(\frac{v}{c})^2}\cdot t$

我们所求的 t 与 t_0 应该满足这个式子。

我们代入算一下：$t_0=\sqrt{1-(\frac{v}{c})^2}\cdot t$

$$t_0=\frac{2L_0}{c}$$

$$t=t_1+t_2=\frac{2Lc}{c^2-v^2}$$

$$\frac{2L_0}{c}=\sqrt{1-(\frac{v}{c})^2}\cdot\frac{2Lc}{c^2-v^2}$$

$$=\sqrt{\frac{c^2-v^2}{c^2}}\cdot\frac{2Lc}{c^2-v^2}$$

$$=\frac{\sqrt{c^2-v^2}}{c^2-v^2}\cdot 2L$$

$$\therefore\ L_0=\sqrt{\frac{c^2}{c^2-v^2}}\cdot L$$

$$L=\sqrt{\frac{c^2-v^2}{c^2}}\cdot L_0=\sqrt{1-(\frac{v}{c})^2}\cdot L_0$$

“与刚才的‘时间膨胀’的式子变成一样的了。”

“是的，多有意思啊！”

“如果 $v=0$ 时 $L=L_0$，也就是外面看到的 L 与里面看到的 L_0 是一样的。”

“没错，静止的时候，内外看到的长度相同。”

“运动的时候，根号下面的式子小于 1，所以 L 比 L_0 短，也就是说从外面看，运动的物体会变短。”

“真由美同学，你回答的太棒了！”

好一会儿没听到健的声音了……

“健同学！在呼吸吗？”

“呼……呼……呼……”

“健同学，睁着眼睛睡觉吗？”

“老师您不用吃惊，哎？他的眼睛在动。健，你没睡着吗？”

“他处于眼动睡眠，只是在做梦时眼球相应地转动而已。”

“反正就是在睡啦，不过也许在学习。不管他了，咱们接着讲。”

“咱们接着进行……”

健被大家抛弃了，他到底在想什么呢……

神奇之旅

超级车手登场

又是晴空万里的好天气，在池田町的国际赛车专用跑道上，世界顶级车手健正在试车。震撼的引擎声音证明健熟练地操纵着飞速的机器。

前些日子，“莫纳卡24小时赛”上接连夺冠的健，是大家心目中的英雄。此刻，跑道上的试车挡不住大家如火的热情，数万车迷尖叫着为英雄呐喊助威。

健：“今天的感觉还不错。”

健稳操方向盘奔驰在跑道上，加速度快到视野都变窄了。突然，健竟然在观众席上看到了两个很醒目的人，一个是长发随风飘逸、装束可爱的女学生，另外一个则是着装不合时宜的邋遢的大叔。这两个人突然从包里掏出了一样东西，啊！是鲑鱼便当。

健：“难道是真由美和山扣？”

此时，车子好像也感知了健的慌乱，开始不听使唤……

健:“这里是健一,机器出现故障!我要停在前方车库里。”

工作人员:“收到!俊一在前方车库,请听从他的指示。”

健:“好!刹车。”

健猛地踩下刹车,不好,刹车失灵!

健:“大哥,刹车失灵,打开后门!”

俊一:“没关系,你开得快,看起来变短了……所以,你开进来以后我再关闭前门,打开后门!”

健:“不行!我看着是你的速度特别快,所以车库是短的。总之快打开后门,会撞上的。”

俊一:“别多说了,照我说的做。没问题!”

健:“是你那边变短了!”

健手忙脚乱,虽然大哥说没问题,可是健认为肯定会撞上后门。

健:“我知道了,去问山扣就好了。”

健探出身体向观众席大喊……

健:“山扣!我能通过吗?还是会撞上?”

观众席上的山口老师好像没听到,只顾吃着鲑鱼便当……

健:“哇!要撞上啦……”

第七节

车库的佯谬

穿过还是撞上

“啪……通……”

“哇……”

“醒醒！又睡眠学习什么了？”

“你做什么有意思的梦了？”

“（一边还揉着眼睛）嗯，我又梦到了老家，那是个非常漂亮的地方。”

“完了！看来又有长篇大论了。”

“我是世界级的赛车手……

“……有两个人在观众席上吃鲑鱼便当……

“……车子突然出了故障……

“…………

“山扣，我能撞上吗?

“是可以穿过，还是会撞上？”

“跟你以前的梦还能接上呢，又是一半好身体，一半进医院……”

真由美半带讽刺，山口老师笑呵呵的……

“嗯！这就是很有名的‘车库的佯谬’。我们整理一下各个要素，首先是静止的时候，车子跟车库的长度相等。”

“相等的话，车哪里放得下啊？”

“好，那就是车子稍短一点点，在车库里的俊一看来是健在动，也就是车子变短了。”

“健的车子就叫‘健车’吧。”

“好吧，‘尖扯’短的话就可以进入车库。”

“‘尖扯’？山扣，发音标准点！”

“嘻嘻嘻……”

“但是在健看来是车库在动，所以是车库变短了。因此，在穿过车库之前就已经撞上了后门。”

“所以我才问谁说得正确啊？”

“这是没有矛盾的，就当车库是静止的，我们来考虑一下‘健车’，重点是‘同时性崩溃’。”

“‘同时性崩溃’？就是那个：从火车外面看中央发出的光线先到达后部，然后到达前部……”

“对！在里面的人看来是同时到达，我们来画图解释一下。

“下面的图是从外面看到的情况，车中央发出的光线先到达后部，假设时钟显示12点。然后到达前部，前面的人把时钟调整到12点。而在这期间，后面的时钟仍在走，假设已经走到了3点，我们再来看一下车库的情况。”

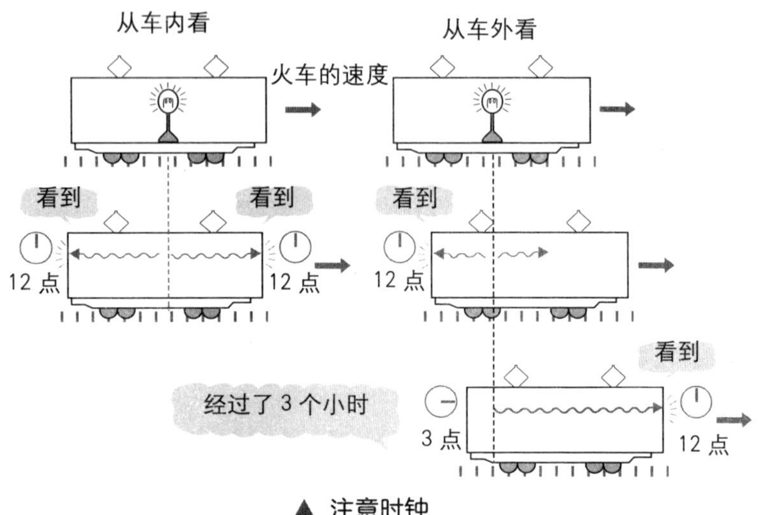

▲ 注意时钟

“‘健车’的头部首先进入车库，尾部进入车库的瞬间关闭前门A，从外面看车身是短的，所以这是可能做到的图①。”

“我还好吗？”

“注意车内前后时钟的显示，假设进入车库的瞬间前面的时钟是12点，那么后面的时钟已经是3点了（图②）。”

“跟讲‘同时性’的例子差不多……”

“当车子到达后门B的时候，假设前面的时钟已经是1点，所以后面的时钟应该变为4点了，这时，打开B门（图③）。”

“芝麻开门！”

“（无视健）车子安全通过！

假设这时后面的时钟为5点，也就是说前面的时钟是2点（图④），很有意思吧？好好看一下示意图。”

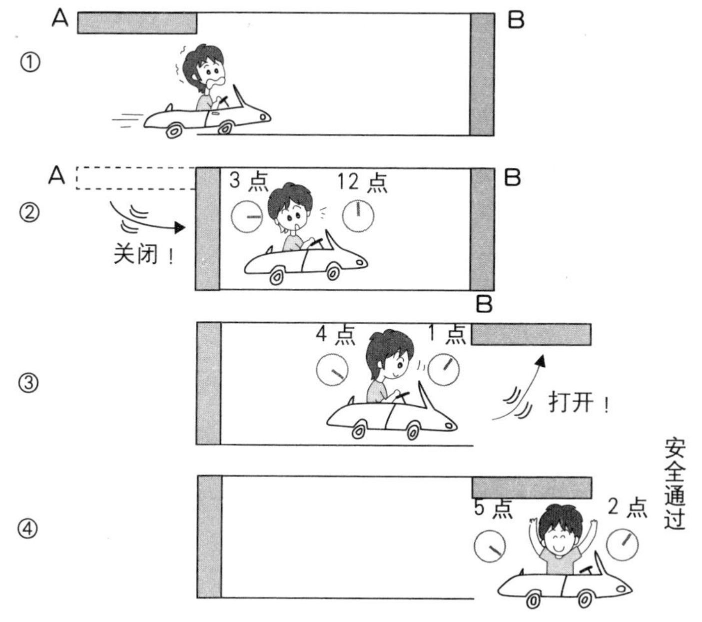

▲ 关注“健车”的时间（从外部看）

“好！但是哪里有意思呢？”

“然后是从车内的角度看。当然了，车内的话，前面是 1 点钟时后面也同样是 1 点钟。”

“嗯！在里面的人看来，车子跟静止时没有不同。”

“也就是说如图③所示，进入车库以后的 1 点钟打开后门 B。”

“应该先把前门 A 关上吧？”

“不对，3 点时再关闭前门 A。”

“嗯？唔！按照图③的话，的确是 3 点时再关闭前门 A。”

“为便于理解，我们把里面的时刻和事件发生的顺序比较一下。

“1 点时打开后门 B，车子前部到外面。

“3 点时关闭前门 A，后门 B 是打开的，所以不会撞上。

“5 点时，车子尾部也离开车库，顺利通过！

“怎么样，很不错吧。”

“是没错，但总觉得哪里不对。”

“我好像明白了……外面的同时不是里面的同时，里面的同时也不同于外面的同时。”

“健同学很不错嘛！”

“所以说不是同时，没有同时，嗯……完了，又绕进去了……”

“健说得没错，从车内看是图上的顺序，但因为与外面的同时不一样，所以顺序又反了。从外面看是和那个图表示的顺序一样，从里面看时，是按照车内的时钟时间发生的，差不多是这样……”

真由美在白板上画出了车子穿过的示意图。

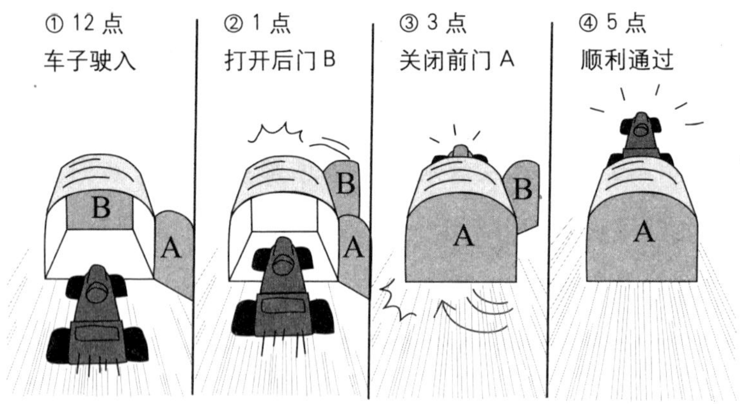

▲ 车子从车库中穿过

“真由美同学，你画得很对！这种乍一看好像矛盾，其实并不矛盾的就是‘佯谬’。”

“哦！就像‘欲速则不达’一样。”

“这个‘长度’会变短的相对论，除了车库以外还有很多例子。你们自己回去想一下，很有意思的。”

“重点是‘时刻’。”

“对，很多情况都是如此……”

“好！我也好好考虑一下。”

“我敢打赌，你也就是3分钟热度！”

“才不是呢，打赌也是我赢。”

“哎……”

回来的路上健突然提了个问题。

“真由美，今天早上那个‘短小跑车’，好像挂了个什么标志，是什么样的呢？”

“好像是一匹跃起的马，好像……”

真由美在笔记本上随手画了出来，健顿时睁大了眼睛。

“真由美，这可是法拉利。那个丑跑车，是法拉利！”

“那个法拉利那么快的时候，好像变短了。对！相对论之法拉利！”

“哦？”

被夕阳染红了的乌鸦飞过两人的上空，“嘎……嘎……”不知道为什么，好像这个“嘎”声很短……

质量与动量

“嗞……嗞……”健的手机大早上就响个不停。

“早上好！还没起来啊？”

“我还没醒呢……”

“快起来，天气特别好，咱们先去跑步吧。”

“跑步？好吧！”

大清早，在清爽的校园跑步是何等的宜人！

“锻炼身体还是属跑步好，又不花钱。对了，真由美，你最近好像胖了不少，得加油啦！”

“什么？”

后来，两人以短距离走的速度进了山口老师的研究室。

“早上好！哈哈哈……”

“你们俩今天给我的感觉不太一样啊！怎么了？”

“哈哈哈……我们今天是跑步来的，健康在于运动嘛！山扣也要多运动噢。”

“运动我可不行……”

“不是‘不行，所以不做’；应该是‘不行，所以要做’！”

“是啊！我就是这样每天来听相对论的。山扣的将军肚都快出来了，你也得锻炼啦！”

“……”

关于质量

“老师，咱们以前讲的‘时间’、‘长度’都是些很重要的物理量，一加上相对论，有那么多变化呢！”

“没错！其实不只是物理，在描述自然状况时，长度[米（m）]、质量[千克（kg）]、时间[秒（s）]都是最基本的。提取它们的首字母就组成了‘MKS 单位’，所有的物理量都与它们有关系。”

“爱因斯坦大叔把‘时间’、‘长度’都弄乱了，不愧是我的偶像。”

“爱因斯坦不是破坏者！物理就是把弄不清楚的问题加以说明，不断发展的概括性的理论。”

“嗯？”

“不能只是破坏，你这个破坏王！”

“据此可知……爱因斯坦把最后的那个‘质量’彻底颠覆

了！这也就是我们今天的内容。”

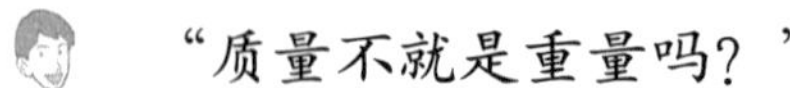

“质量不就是重量吗？”

“不一样！重量说的是‘力’。比如说，体重计就是靠压向地面的力使弹簧弯曲，从而得出体重。质量是不一样的，不管你是在宇宙飞船内还是行走在月球上……你的质量都不会改变，比如说 60 千克还是 60 千克。”

“质量是物体本身的性质，重量……往下压的力？在宇宙飞船中……就会变成 0！”

“噢，是失重啊！”

“质量是物体保持其运动状态的性质（这被称为惯性），所以质量越大的物体，也就是越重的物体，其运动状态越难改变。”

“哦！怪不得质量大（重）的东西难移动呢！轻的东西，也就是质量小的东西容易移动，也容易让其静止下来。”

“对！质量的单位是千克。”

“哎？那我的体重一直是 60 千克，其实是‘力’？”

“大家经常这么说，但是不正确的。质量是 1 千克的物体在地球表面时，地球引力是 1 千克力（kgf），后来就被省略为了 1 牛（N）……”

“是啊，只说 k 太不清楚了。”

“对！要分清各个单位。质量是kg，重力是kgf，或者说是N。”

“应该说我的体重是 60 千克力，质量，重量，真是的！”

速度的相加性

“接下来要讲的是，质量(m)因为相对论有了哪些变化？”

“不是说质量是物质本身的性质，哪能说变就变呢？”

“光速不变的情况下，时间和长度都会因为运动而变化，那么，m 呢？

速度 V=S/T，时间 t 和距离 s 都有，唯独没有质量 m 啊？”

“真由美同学，你现在看问题的角度真是像模像样了！”

“真由美不错嘛，越来越像山扣啦！”

“……”

“在说质量之前，我们先来回忆一下‘速度的合成’。”

“‘速度的合成’？是说‘从行驶的汽车上看行驶的电车’？”

“对，我们今天就用相对论，把它用公式表达出来。”

“公式？又是那样的类型？”

“别紧张，只要把我说的意思弄明白就行，公式是起辅助作用的。

“首先是向右以速度 v 运动的坐标系（可以考虑成是一个车）……从这里以向右 v 的速度(相对于车)投球，从外面看的话，球速 u 并不等于常识中的 V+v，引进相对论以后，

$$u = \frac{V+v}{1+\frac{Vv}{c^2}}$$

“具体运算的话，如果宇宙飞船正以 $\frac{1}{2}$ 光速行使，假设以相同的速度将物体A抛向前方。”

“是导弹！光电鱼雷！”

“（无视健）在静止的人来看，速度可以用上面的式子算出来。”

“对！$V=\frac{c}{2}$，将 $v=\frac{c}{2}$ 代入以后，

$$u=\frac{\frac{c}{2}+\frac{c}{2}}{1+\frac{\frac{c}{2}\cdot\frac{c}{2}}{c^2}}=\frac{4}{5}c$$”

“真的呢！$\frac{c}{2}$ 和 $\frac{c}{2}$ 相加以后，比c慢。”

“是吗？宇宙飞船上发射的光电鱼雷也不是很快吗？”

“（无视健）从式子上看，再快的速度合成以后也小于c，所以，宇宙中光速最快！”

“但‘星际大战’中就有比光速还快的。”

“那，那是科幻。”

动量守恒

“在相对论中，爱因斯坦最基本的原理是‘光速不变’。”

“当然了，我手上还写着呢！”

健低头看自己的手掌心……

“还写着呢？……健的手真不是一般的脏。”

“除此之外还有个基本原理——‘相对性原理’。”

“不就是‘相对论’吗？”

“这两个是不一样的！原理没有经过真正的证明，而是作为一个假设的前提，去证明和推导出其他理论。也可以说假定‘相对性原理’，从而得出‘相对论’的结论。”

“那‘光速不变’，也是一个‘原理’？”

“对！我们来看一下‘相对性原理’。等速运动时，无论从何处观察所有的自然法则都是一样的。”

“嗯！嗯？是……”

“不管你在等速运动的电车上，还是静止的外面，同一个法则是成立的。”

“这还用说吗？本来就是。”

“相对性原理的确是无可挑剔的。那么，我们来举例说明‘动量守恒定律’。”

“嗯？动量守恒……”

“动量p是质量为m的物体以速度v运动时的mv的乘积。”

“讲清楚一些。”

“这都是高中讲过的！动量在碰撞前后不会发生变化，所以会有相撞后的速度什么的……”

“高中物理？都被我睡过去了！”

“总之，这个和能量守恒定律一起几乎在全自然界都是成立的！

“比如说质量为m的物体A向右以速度v运动，质量同样为m的物体B向左以速度v运动，相撞以后合为一体继续

运动，合成速度为 V，假设没有摩擦力。”

“真由美和我在一起，合为一体！嘿嘿嘿……”

“相撞之前的动量和为：$mv+m(-v)=0$。”

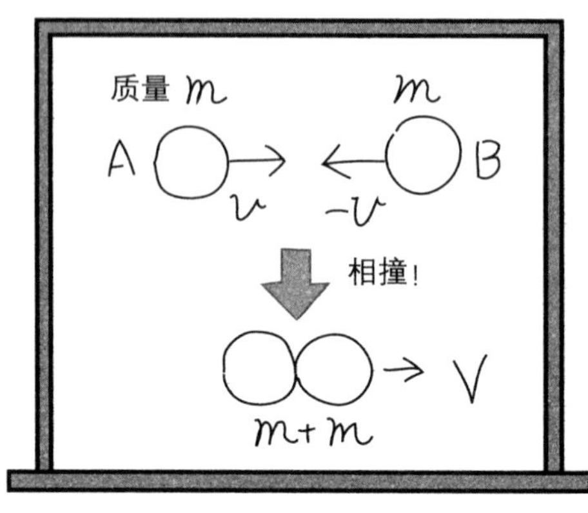

▲ 动量守恒

“B 跟 A 的运动方向相反，所以是负值。”

“对！相撞后的动量之和为 $(m+m)V$。”

“嘿嘿嘿……我跟真由美合为一体，以相同的速度飞……”

“动量守恒，总之就是相撞前后的动量之和不变……

$0=(m+m)V$

“相撞前的动量＝相撞后的动量，

“所以，$V=0$。”

“嘟嘟囔囔……我们俩都停了啊？”

“大概意思明白了！”

“嘟嘟囔囔……我跟真由美……”

“……”

相对论中的动量守恒

"下面我们在动量守恒定律中引入相对论原理。"

"这是个何时何地都会成立的法则吗？"

"是的！为方便起见，我们假设跟刚才是相同的情况。但这次比较重直觉，没有那么严密了。"

"哦！我也是个'直觉'的人！

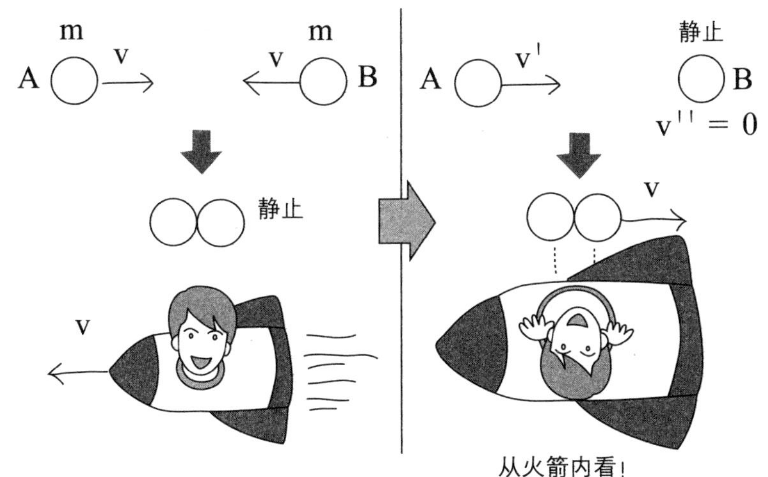

▲ 动量守恒（相对论）

"在相同的情况下，假设有一个与 B 以同样的速度向左运动的观测者，在他看来 B 是静止的，但是 A 的速度 v' 则是 2v。"

"定为 2v……"

"速度要通过刚才的相对论速度合成公式推导出。"

"还没定啊？哈哈哈……"

“其实跟刚才的式子略有不同，A 比 2v 慢！设定其速度为 v'。”

“终于要讲‘动量守恒’啦！”

“真由美，你真的越来越像山扣啦！”

“……”

“在运动中的观测者看来，静止的 B 动量为 0，A 以速度 v' 向右运动，所以是 +mv'……合起来就是 mv'+0=mv'。

“合为一体以后质量为 2m，速度为右向 v，动量为 2mv，

“所以，mv'=2mv。

“但是，v' 应该小于 2v……”

“嗯……不对！”

“哪里不对啦？”

“左边比 2mv 小，但是右边等于 2mv。”

“哦，是啊！”

“对啊，根据相对性原理，动量守恒定律正确的话，mv'=2mv，只能是 m 变化了。”

“质量会变化？”

“虽然质量都是 m，但因为左边的速度为 v'，所以设定左边的质量为 m'，右边的 m 以更慢的速度 v 运动，m'v'=2mv。”

“v' 小于 2v？那就是说（真由美提笔写道）：m'>m。”

“真由美，你也是外星球来的？”

“真由美同学说得很对！m' 是运动时的质量，即物体速度越快质量越大。”

“哎？一定可以变肥？”

“我们再来严密地计算一下，m_0 是静止时的质量，m_v 是

速度为 v 时的质量，

$$m_v = \frac{m_0}{\sqrt{1-\frac{v^2}{c^2}}}$$

“总之，运动的物体质量会变大。”

“质量会因为速度而变化，真是不可思议！”

“但跑步不是能减肥吗？体重，不，质量应该减少才对啊！”

“跑步时随着呼吸以及排汗体重会减轻，但质量本身是增加的。”

“跑步不能减肥吗？”

从研究室走出的健径直回到住处，一边想着山口老师讲过的话一边仰面朝天地躺到了床上。

“越跑步越肥？怎么可能？”

健一边嘟囔一边感觉眼皮越来越重……

神奇之旅

“……呼呼呼呼……”

真由美：“健，你最近胖了不少啊！还在跑步吗？”

最近运动是不太多，肌肉都变成脂肪的健被真由美激怒了……

健：“你看我跑给你看！超高速的。”

说完，健就飞身跑开了……

健的速度逐渐在加快，超过了旁边的法拉利，新干线也超过了……

健：“真快啊！”

连飞机都在退着飞，已经绕地球一周了！真由美在旁边飞……

健：“看能不能减肥！怎么觉着变重了呢？好！加速！”

速度不断加快，但好像仍然在变重……

健：“我要减肥！”

每飞一周，看到那个站着没动的真由美就瘦了一圈……

健：“怎么回事？我跑！我跑！”

“嗒嗒嗒……”（跑步的声音）
“呼呼呼……”（风吹的声音）
“嗞……嗞……”健被手机声吵醒了……
“啪……嗒……”

真由美：“健，起床了。今天天气不错，咱们去跑步吧。”

睡眼惺忪的健，一下瞪圆了双眼。

健：“跑步？我才不去呢！”

从此，健和真由美的跑步，没有了下文。

第九节

质量与能量

“丁零零……”

“嗯！起床！”

跟健不一样，真由美听到闹铃响就可以第一时间起床。

新的一天：洗脸，打理头发，盛沙拉……

打开电视——新闻。

“……由于中东局势恶化，原油价格大幅变动……”

“嗯！不知道汽油跟灯油涨成什么样了？”

“……加上国内核电站事故频发，夏季用电高峰期电量吃紧，请大家节约用电……”

“又是核电站的事故？环境……”

真由美站在附近的车站，看到吐着尾气的直达车临近了……

“这也是石油车吧？”

又路过了一个电车。

“这是个电车，但也是得靠能源发电。”

早上的新闻内容一直在脑子里盘旋，真由美一路考虑着能源问题来到了学校。

真由美如约来到了山口老师的研究室，山口老师竟然迟到？健走进屋子开始了整理工作……其实就是收拾出坐的地方等着老师。

“哎！我一直在想一个问题，我们平常使用的能源，石油、原子能……就是高中学时说是能量守恒，但为什么还会有能源危机呢？”

“我对‘能量守恒’也有印象，为什么呢？”

“扑通……”一听这摔跤的声音，就知道是山口老师登场了。

“大家好，来得好早啊！”

“同学们，今天的话题与人们的生活息息相关，是谁也离

不开的‘能源’。”

“正巧！我们也正在谈论这个问题呢！”

“没错，嗯，对了，山扣，能量不是能守恒吗？为什么还会不足呢？”

“有意思！不过在能量守恒之前，要说一下‘质量与能量的关系’问题。”

“质量与能量能有什么关系啊？”

“可别小看噢！下面推导的可是世界顶尖级的公式。”

“什么？又是公式？还得睡觉……”

两人紧张兮兮地挺直了身板，山口老师转向白板开始讲……

“你们在高中物理课上应该学过……”

“唉……”

“能量T的时间变化，单位时间内所做的功即功率P，$\frac{d}{dt}T=P=Fv$ ”

“啊……”

“T是能量，功率是力与速度的乘积，P=Fv？

“因为功W=Fx，代入功率的定义公式$P=\frac{w}{t}$，

“所以得出，$P=\frac{w}{t}=\frac{Fx}{t}=Fv$ ”

“真由美同学回答得很好！”

“啊？真由美这个外星人！”

“右边的式子引入相对论以后，以速度v运动的物体质量$m_v=\frac{m_0}{\sqrt{1-\frac{v^2}{c^2}}}$，加上牛顿的运动方程式 $F=\frac{dp}{dt}$（P：运动量），

可以得出：

$$右边=Fv=v\frac{dp}{dt}=v\frac{d}{dt}\cdot\frac{m_0v}{\sqrt{1-\frac{v^2}{c^2}}}$$

$$=v\left(m_0\frac{dv}{dt}\cdot\frac{1}{\sqrt{1-\frac{v^2}{c^2}}}+m_0v\frac{d}{dt}\cdot\frac{1}{\sqrt{1-\frac{v^2}{c^2}}}\right)$$

“按照微积分 (fg)'=f'g+fg'”

“唔……”

连真由美也招架不住了？不过健很早就傻在一边啦……

“还是不行啊！这样吧，我们只说结论。”

正视现实，山口老师放弃了讲解，直接进入结论。

“将最后的时间微分的话……”

$$右边=v\left[m_0\frac{dv}{dt}\cdot\frac{1}{\sqrt{1-\frac{v^2}{c^2}}}+m_0v\left(-\frac{1}{2}\right)\left(1-\frac{v^2}{c^2}\right)^{-\frac{3}{2}}\left(\frac{-2v}{c^2}\cdot\frac{dv}{dt}\right)\right]$$

$$那么,\frac{d}{dt}T=m_0v\left[\frac{1}{\sqrt{1-\frac{v^2}{c^2}}}+\frac{v^2}{\left(1-\frac{v^2}{c^2}\right)\sqrt{1-\frac{v^2}{c^2}}\cdot c^2}\right]\frac{dv}{dt}$$

$$=\frac{m_0v}{\left(1-\frac{v^2}{c^2}\right)\sqrt{1-\frac{v^2}{c^2}}\cdot c^2}\cdot\frac{dv}{dt}$$

$$\therefore\frac{d}{dt}T=\frac{d}{dt}\cdot\frac{m_0c^2}{\sqrt{1-\frac{v^2}{c^2}}}$$

“不熟悉的人会将最后的结果微分，其实，我们逆向推导

会更加简单，将两边积分，

$$T=\frac{m_0c^2}{\sqrt{1-\frac{v^2}{c^2}}}+C\ (C:\text{积分定数})$$

在 $v=0, T=0$ 时，积分定数 $C=-m_0c^2$

那么，$T=\frac{m_0c^2}{\sqrt{1-\frac{v^2}{c^2}}}-m_0c^2=m_vc^2-m_0c^2=(m_v-m_0)c^2$

$$\therefore\ T=(m_v-m_0)c^2$$

“这个算式代表运动中物体的势能，等于以速度 v 运动时和静止时的质量差与速度的平方的积。下面，我们再列出一个式子。”

“别吵，我在冬眠……”

“……

“以速度 v 运动的物体势能 $E=m_vc^2$，

“将 $m_v=\frac{m_0}{\sqrt{1-\frac{v^2}{c^2}}}$ 的算式代入以后，

$$E=m_vc^2=\frac{m_0}{\sqrt{1-\frac{v^2}{c^2}}}c^2\doteq m_0c^2\left(1+\frac{v^2}{2c^2}\right)$$

“在此可以使用下面的式子，

$(1+x)^{n}\doteq 1+nx$

“但当 x 无限小于 1 时，

“$E=m_0c^2+\frac{1}{2}m_0v^2$

“看到这里，有些累了吧？

“下面我们来讲结论，星号式子用以求解以速度 v 运动的静止质量为 m_0 的物体能量。”

“谁知道啊？”

“没关系，我们先来看上面那个式子。”

“这个动量公式在高中时就学过：$\frac{1}{2}m_0v^2$ ”

“我好像也见过。”

“结果就是，以速度v运动的静止质量为m_0的物体能量（静止能量）和普通的动能 $\frac{1}{2}m_0v^2$ 相加。”

“没错！”

“这就是尽人皆知的$E=mc^2$！

“这个式子所表达的意思是，因为右边的c是定量……所以，质量就是能量！”

“质量就是能量？质量是物体本身的性质！”

“能量又分为很多种：位置能量和运动能量；弹性能量和波动能量……”

“还有电能、热能……”

“对！‘质量就是能量’就是说：质量也属于能量变形后的‘能量变体’的一种。”

“‘能量变体’？我怎么觉得是‘变态’！太奇怪了……”

“呵呵，这是我刚才随口说出来的……”

“真是的！什么兴趣啊？”

“虽然能量的总量不变，但会改变形式，这就可以考虑成‘能量守恒’。”

“能量明明是守恒的，哪来的能源危机啊？”

“能源危机是说……可以供人们自由使用，方便获得的能源不足。”

“自由使用？方便获得？”

“比如说热能吧，基本上无法利用。”

“热能不就是燃烧吗？天天在用啊！”

“其实我们用的是靠温差取得的热能，没有温差时，就无法使用了。”

“真的是这样呢……”

“正是因为有很多无法利用，才出现了能源危机！”

“那我们平常利用的能量，是怎么获得的？”

“举例说明吧，比如燃烧石油的火力发电，石油的实际反应非常复杂，我们只取碳元素 C 燃烧生成二氧化碳。”

“我知道！ $C+O_2 \rightarrow CO_2$。”

“没错！这个化学反应会有能量放出，我们来看它的详细情况……”

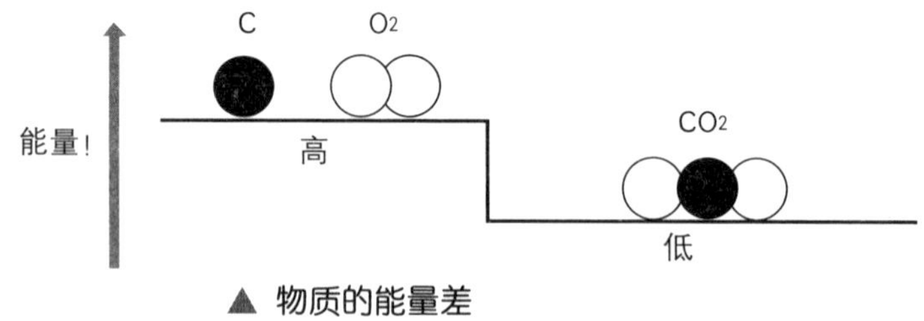

▲ 物质的能量差

“反应前分开状态的 C 和 O_2，持有的能量高。”

“持有的能量？”

“比如以电能等形式存在的，各个原子所有的总能量，C 和 O_2 经过化学反应生成了二氧化碳，能量就会减少。”

“哦！由高能量转化为低能量，多余的一部分能量就释放出了。”

“嗯？”

“比如说前面的能量是10，后面的能量是8，差值2就是在反应中释放出的。”

“怎么回事？反应时会放出‘能量块’吗？”

“……多余的能量是这样的，作为二氧化碳分子的动能。”

“我知道了！汽车的引擎就是这样，靠动能推动活塞作为车辆的动力！”

“差不多吧……再看一下下面的图，在考虑能源问题时不可忽视的一点是，反方向的反应也是存在的。”

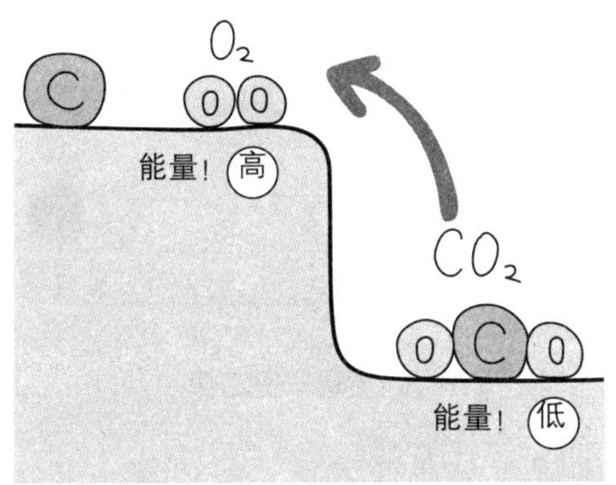

▲ “踢飞”二氧化碳

“就是说二氧化碳重新变回了C和O_2？”

“对！右边的反应能量降低，所以会散热；左边的反应需要外部的热量，也就是需要吸热。”

“给CO_2能量可以使其分解为C和O_2？”

“噢！猛给矮个子增加能量，就可以使他升级到高处去了！要想减少二氧化碳的话，踢飞它们不就得了。”

“理论上是没错，但实际上……”

质量能量与化学能量

“让我们回到‘质量与能量’的问题上。”

“是啊！当时讲到了相对性理论中的‘质量等于能量’。”

“先前讲过的化学反应式中的能量，表示了质量与能量的关系。”

“但化学反应前后质量是不变的啊……不是有‘质量守恒定律’吗？”

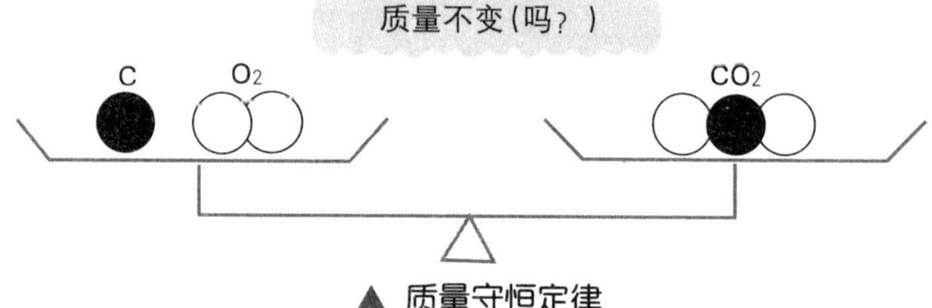

▲ 质量守恒定律

“因为反应前后的质量不变，所以得出物质是由原子组成的！化学反应只是改变了原子的排列方式,所以,质量是守恒的。”

“所以质量是不变的，所以化学反应与质量有关系。”

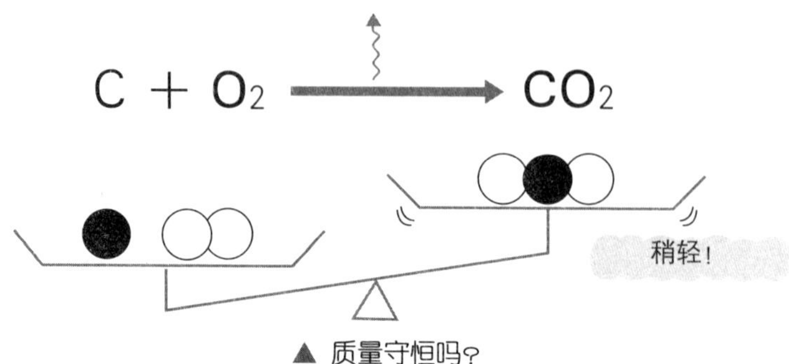

▲ 质量守恒吗？

“上图中，反应后能量降低，质量就是能量，所以，反应前的质量比较大。”

“反应中放出能量……质量就是能量……反应后的确是变轻了呢！”

“是变轻了！为什么一直没发现呢？”

“因为反应中放出的能量极少，换算成质量更是微乎其微，所以很难注意到。”

“反应中放出的能量极少？你没见过法拉利吗？还有大型运输机。”

“化学反应中放出的能量与质量能量相比，真的是西瓜跟芝麻一样，计算一下你就明白了。

“具体来说，1 千克的质量，相当于多少能量呢？”

“……$E=mc^2$。”

“对！ m=1 千克，光速 c=30 万千米／秒（$=3\times10^8$ 米／秒），$E=mc^2=1\times(3\times10^8)^2=9\times10^{16}$ 焦。”

“9×10^{16} 焦是多少啊？”

“非常大，我也说不好，咱们可以拿游泳池举例，看可以烧热多少水？”

“好吧！假设泳池长 50 米、宽 10 米、深 1 米，将水温从 20℃加热到 100℃。”

“好的，将 1 克水升高 1℃所需能量为 4.2 焦，Q=mct，其中 t 温差 80℃。”

“山口老师，让我来算吧！

“9×10^{16} 焦换算成卡路里是 $9\times10^{16}\div4.2\fallingdotseq2.1\times10^{16}$ [cal]，加热一池水需要 $(50\times10\times10^6)\div$ 水的质量 $\times80=4.0\times10^{10}$ [cal]，

$(2.1\times10^{16})\div(4.0\times10^{10})=525000$。”

“1千克的质量产生的能量可以加热525000个游泳池？”

“太厉害了！”

“实在是太大的能量了！就好像是原子弹一样……”

“1千克就可以有如此巨大的能量？”

“我的体重是60千克，那就相当于60个原子弹喽！以后你们叫我‘能量超男’好了！”

山口老师和真由美四目相视……

“当然，质量不可能全转化为能量，只有很少的一部分而已。”

“太浪费了！要是可以有效转化，是不是就不用烧那么多的石油了！”

“对！所以人们使用了核反应，现在核电中普遍使用的是铀，用中子轰击原子核，从原子核中放出2至3个中子，反应后质量大约会减少1%，这就是‘核裂变’。”

“减少1%？”

“比起普通的看不出质量变化的反应，这已经是相当高的效率了。”

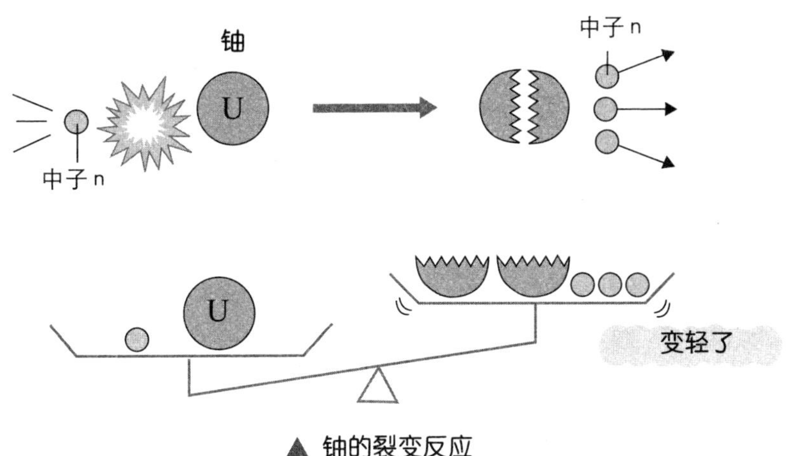

▲ 铀的裂变反应

“没有效率更高的吗？”

“嗯……那就只能是核聚变了，刚才是分裂后变轻，放出能量，与此相对，氢原子核的聚变反应生成新的原子核氦，聚变后的原子核变轻放出能量，这就是核聚变反应！这也是太阳能量的来源之一。”

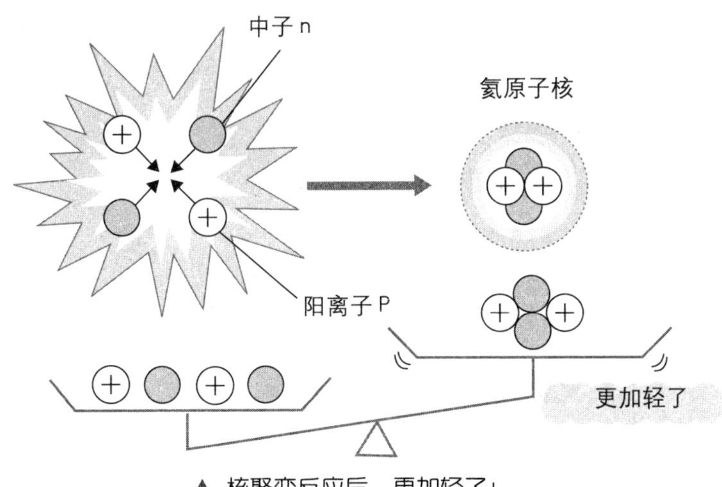

▲ 核聚变反应后，更加轻了！

“学习相对论，有一点要记牢。”

“干吗那么一本正经？”

“20世纪初，爱因斯坦使人们认识到了质量能量，没想到却带来了大型杀伤性武器‘原子弹’的出现……”

“……”

“教训需要谨记！科学不可滥用！像规模空前的‘人类基因组图谱’等，现在科学的影响力越来越大，警钟一定要长鸣！”

“原来如此……”

研究室前的喷水池旁，健和真由美边走边聊……

“你觉得山扣今天怎么样？好像还挺像回事呢。”

“嗯！不是变态科学家，倒真像是个维护真实与正义的英雄。”

“噢！噢！我是英雄健一。”

“……（谁说你了）对了，咱们走回去吧。节约能源！”

“好！但得花差不多1个小时呢……”

“没关系，我想走……”

“好了好了，运动开动！”

两人快步走出了校门……

“你能不能走慢点？”

喘粗气的真由美，健步如飞的健。

第二章

广义相对论

山口老师

健一

真由美

光二郎

凯尔

广义相对性原理：一切物理规律在任何参考系中都具有相同的形式。

神奇之旅

寻觅广义相对论

一个晴天的午后，同级的大学生真由美与健一（通称健）在校园中漫步。

健暗恋真由美，但情商指数不低的他却是个理科白痴。所以在他的眼中，可以熟练掌握数学算式的人就是“外星人”。

“今天的发型还是竖式。”健暗想。

真由美属于活泼开朗型。她感兴趣的有：网球、网上冲浪、一口吞牛奶、狭义相对论、环境问题、能源问题……总之，她喜欢挑战各种事情，是个闲不住的人。

突然，真由美停了下来。

真由美：“对了，你知道吗？今天在52号楼的大教室有场‘广义相对论’的讲座。”

健：“广义相对论？嗯，那个，对了，今天还要打工呢……”

真由美：“别骗我了，一起去吧？那不是写着嘛：从初级

开始讲解的广义相对论。文科学生没有问题，能听得懂的！”

健：“不对，有种不祥的预感……”

健被真由美强拉硬拽带到了52号楼。

他们坐到了大教室中间偏后的座位上，虽然还有人在陆陆续续进场，但场内还是没有多少人，也没什么大惊小怪的……

不一会儿，抱着一大摞资料的山口老师进场了。他的一身穿着真是土气。

山口老师：“吭……”

顺利走上讲台的山口老师清了清嗓子，把资料摆了满满的一桌。

山口老师：“吭……今天的主要内容是：广义相对论！这是爱因斯坦构筑的人类知识财产，是物理界的划时代理论，利用它可以探求宇宙的本源……”

讲座的声音仍然很小，讲座方式平淡无味……

健：“不对啊……大白天的怎么迷迷糊糊的……”

无聊的讲话，持续中……

健的视野逐渐变暗……变薄……

真由美：“又睡着了……一点长进都没有！”

男导游："大家好！欢迎来到'广义相对论'的神奇之旅，本次'BUS TIME 号'大巴很快就要开动啦。不可错过的世纪体验等着您，机不可失！"

车导："旅客朋友们大家好，为防晃落座位，坐好以后请大家系好安全带。这辆直达班车集最新的科技成果于一身，是可以进行时空旅行的'BUS TIME 号'。"

健："别紧张啊！说是'时空旅行'！刚才那人说是宇宙中最快的速度。"

真由美："健，你快点，已经开动了。"

"嘎……嘎……"

全体乘客："哇……"

车导："现在车子已经开始匀速行驶，大家可以放松啦，安全带解开也没有问题。"

健："真由美，这次还是去天鹅座 X-1 吗？"

真由美："好像不是，我刚看了一下日程表，上面写的是离太阳系 2 光年的'第 7 时空隧道'。"

健："……真有时空隧道吗？"

车导："大家好，目的地很快就到了，请大家系好安全带。"

全体乘客："啊……"

健："这个司机会不会开车啊？"

车导："没人受伤吧？太好了，好像都没有问题！"

全体乘客："都这样了还说没事？全身都痛！"

车导："'第7时空隧道'顺利抵达！"

窗外有一个圆形的建筑物，硕大无比。

真由美："'时空隧道'？好大啊！"

健："大！跟地球差不多吧？"

车导："我来为大家说明一下，这个'第7时空隧道'半径大约为500千米，差不多是地球的1/10。"

健："啊？原来是1/10啊！"

光二郎登场

健："刚才还见山扣坐在后面呢，我去问问'第7时空隧道'到底是什么。"

健扭过头，山口老师竟然在呼呼大睡……

山口老师旁边坐的是一个戴着眼镜、身形修长的男学生，手里还捧着个大部头……好像是感觉到前面有两双眼睛，他合上书走过来。是真由美，他与她四目相对，眼光是那么和善！

光二郎："你好，我叫光二郎。"

真由美："你，你好，我叫，真由美。"

健："我叫健。"

谁也没听见……

光二郎："我是山口老师的助手，主要是通过相对论做宇宙的诞生、时空旅行等研究……"

真由美："好厉害……"

光二郎："真由美同学，这个球体利用'白洞'原理制成，设计是由我的父亲完成的……"

健："……你父亲是你父亲你是你！肯定是个花里胡哨的公子哥儿！"

光二郎："利用相对论推导出的黑洞说和白洞说，基普·索恩想到了这个装置，我也在做这方面的研究。"

真由美："好厉害啊！说的话也不一般！"

健："（不满）我怎么没看出来……"

那个巨型球体内部有一条泛着蓝光的链子，周围一片黑漆漆，显得特别阴森恐怖。

突然，整个装置放出耀眼的光芒，开始了剧烈的震动。

健："喔……太刺激了！"

车上的人纷纷拿出了相机……光二郎却冷静地看着窗外，对了，山口老师好像也很冷静……整个装置如同一个巨大的闪光灯，所有人一下子什么也看不到了。

人们不久后睁开了眼睛，时空隧道中出来了一个超现代的汽车。崭新锃亮的金属外壳，车身呈优美的流线型。

车导："大家现在看到的是10年以后的汽车'FF328号'。"

健："真是没法比啊……"

未来汽车"FF328号"沿着一个优美的弧线轨道停在了"BUS TIME号"汽车旁边。

两辆汽车对接以后，未来汽车的车门悄然打开，"BUS TIME号"开门的声音如同鬼哭狼嚎。

真由美："真是差远了……"

从未来号车上走下来一个小女孩，怎么这么耀眼？原来是衣服的质地很奇特。

真由美："对面是谁走过来了？"

健："10年是变化不少啊！裙子比你的短多啦！"

真由美："你看哪呢？人家是孩子啊！"

这个孩子特别像真由美，就是小了一个型号……

真由美：“哎！你觉不觉得这个孩子很像我……”

小女孩径直走向健，表情严肃。

凯尔：“你就是健一吧？我是凯尔！”

健：“嗯？是！请多关照……”

好像是为了避开真由美，凯尔把健拉到了后面的座位上。

凯尔：“我说的每句话，你都听好了！其实你是我爹地，前面的真由美，是我妈咪。”

健：“嗯？那就是说……哇！好棒啊！”

凯尔：“爹地，你还没弄清楚状况啊！根据时间中心调查部的报告，我的父母……也就是你们两个在2×××年×月×日……对于你们来说……就是今天！你们两个出现问题了，我的出生就丧失了可能性，也就是说我将不存在了。”

健：“没听明白……”

凯尔：“总之，爹地出现了情敌，妈咪会被抢走！”

健：“你说什么？不可以！我决不允许！”

健转身去看真由美，真由美正跟光二郎有说有笑……

健大步走到两人中间，扯着喉咙嚷道。

健：“你这家伙，不许靠近真由美！”

真由美：“你说什么呢？”

光二郎：“没关系，我不会在意的……”

真由美："还是光二郎有气度。"

健："气死我了！"

凯尔："爹地，你这样做只会惹妈咪讨厌，你应该让她看别的地方。"

健："你这孩子懂什么啊！"

凯尔："爹地，加油！"

健："好！"

健摆好了战斗的姿势。

健与光二郎的激战

光二郎："真由美，我给你解释一下时空旅行的事情吧……"

真由美："那就麻烦你了！"

光二郎："这个时空隧道的入口是黑洞，出口是白洞，两个连接而成；在空间中可以制作出这样的时空隧道。"

健："这家伙说哪国语言呢？"

真由美："你真厉害！好佩服啊！"

凯尔："爹地，快露一手啊！"

健："噢！我知道了！"

健重新冲到了两人中间。

健："吭！要说时空隧道的话，就是'光速不变'！"

光二郎："你说的是狭义相对论，这是黑洞，必须用广义相对论才能解释。要想理解时空旅行的话，再看点书吧！"

▲ 黑洞与白洞及时空隧道

健："（可恶）我看你学得不错嘛！哈哈哈……"

光二郎："那是！不动脑子的人跟蟑螂差不多。"

健："你说什么？说我是蟑螂……"

光二郎："我没说，是你自己对号入座……"

真由美："健，快停下！一说话就想动手，真是的！"

凯尔："哎！绝望……"

健与光二郎的激战正式开始了。健出招迅速，但全被身手敏捷的光二郎一一化解了。

光二郎："真由美你别担心，我从小就学过的……"

光二郎开始了反击。的确是个练家，说话间健的头顶就中了几招！

激战还在继续，凯尔的身影却逐渐变淡，满身是伤的健见大势不好，飞起一脚踢开光二郎冲到了凯尔身边。

健："凯尔，你怎么了？"

凯尔："爹地，妈咪……我虽然没活多久，但也在实现时空旅行中看到了你们俩……不过我真想活下去……"

健："凯尔你要撑住！我很快就把他踢一边去！"

凯尔："你还是不明白啊……"

伤心欲绝的健怀抱凯尔，眼看着她一点点消失……

健："上帝啊！别让凯尔离开我，救救她吧！"

"啪嗒……"

"啊……"健的声音在宽敞的大教室里回荡，周围飞来了很多白眼……

真由美："不知道丢人啊你！"

健："原来在做梦啊，嘻嘻嘻，不好意思……"

真由美："啊……"

健："（不行，不能让梦里的事情重演）不好意思啊，山扣的话很无聊，不过广义相对论还是很有意思的！"

真由美："你真这么想？"

健："当然了！不信咱们现在就去找山扣问个明白。"

真由美："没有公式的时候你还算明白……"

健："我才不会输给那个光二郎呢！"

真由美："你说什么？"

健："噢，没什么，咱们走吧！"

第一节

光二郎复习狭义相对论

山口老师休假

健和真由美来到了51号楼的大厅，接着走进电梯，按下了研究室所在的7层。电梯嘎吱嘎吱地加速上行。

“总觉得电梯有点恐怖，现在就觉得自己变得好重。”

“不是真变胖了吧。”

“你说什么？”

“没有没有，我是说地球变重了，所以你的重力才变大了，哈哈哈……”

“说的什么鬼话！7层到了，这下感觉轻巧了。”

“这下又变瘦了！”

两人像往常一样，推开了山口老师研究室的房门。

“走错了吗？”

“啊……怎么回事？”

房间整理得特别整齐，坐在桌子旁边的青年人抱着一本大部头的书，突然，他转身看着目瞪口呆的健和真由美。

"欢迎啊，我是山口老师的助手光二郎。"

"原来真有这么个人啊！"

"（有点激动）我，我叫真由美，你好！"

"山口老师的讲座你也去了吧？我当时就觉得坐在中间的女孩子真可爱……"

"可爱？"

"我叫健一！"

谁也没听见……

"对了，以前怎么没见过你啊？"

"我去美国参加了一个学术会议。"

"哇！"

"山扣怎么没来啊？"

"山口老师的夫人要参加一个学术会议，老师在家帮她准备资料呢。"

"他结婚了？"

"我也没见过，听说也是一个物理学家。"

"不过她丈夫也就那么回事……"

"山口老师说你们俩会来，硬让我过来讲广义相对论。"

"嗯！"

"狭义相对论学过了吧？我们先复习一下，最基本的理论有两个，'光速不变'和'相对性原理'，从这两个设定得出：

‘时间膨胀’和‘长度收缩’。”

“嗯！”

“所以，麦克斯韦的方程式可以得出与洛伦兹变换相对，也有不变的情况。”

“麦克斯韦方程式？哪壶不开提哪壶！”

“说实话，那个麦克斯韦方程式不是太明白。”

“麦克斯韦方程式的洛伦兹不变性，没有讲吗？那‘四维空间’、‘闵可夫斯基空间’呢？”

“嗯？岛斯托夫斯基？”

“老师都讲了些什么啊？这么重要的问题都落了。”

“为了让我们俩能明白，老师没少费工夫……”

“没错，是很容易，但这些都没学怎么敢说明白呢？”

光二郎好严格啊！两人，沉默……

时空图

“这样吧，我们先学‘闵可夫斯基空间’，我们生活的空间是三维。”

“三维？什么东西？”

“有 x，y，z 三个轴的空间。”

“只有 x 和 y 轴是二维，剩 x 轴一个时就成了一维？”

“差不多是这样。有 1 个条件确定位置就成为一维，2 个条件就是二维……”

“空间是 x，y，z 三个轴，所以就是三维空间？”

“一点儿没错！在一维的 x 轴上加上相垂直的 y 轴，这就变成了二维，在此基础上加上一条与 x 轴和 y 轴相垂直的 z 轴，就是三维了。”

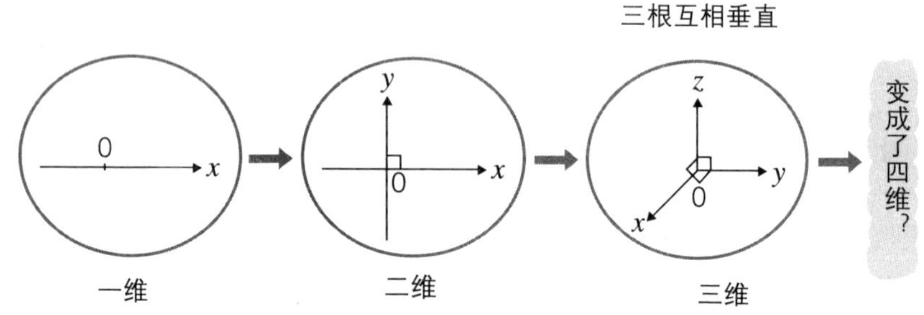

▲ 这是一维、二维、三维……那四维呢？

“我们通常在三维空间中加入时间，这就成了四维！时空……也就是‘闵可夫斯基空间’。”

“与三维空间中的三个轴垂直……”

“与三个轴垂直……不可能啊！”

“对，很遗憾的是人类只认识到了三维空间，只能用数学在脑子中考虑……”

“嗯……”

“健你别想了，另外一个是时间，是看不到的！”

“没错！因为四维图形无法画出，所以把空间轴全放到横轴上。纵轴是 c_t，有一匀速运动物体，在时刻 t=0 时从原点出发，它的运动轨道如图所示。

“速度越快，图形的倾斜角度越大！如果是光的话……它的轨道就是这样的，成 45°！这就是世界线！”

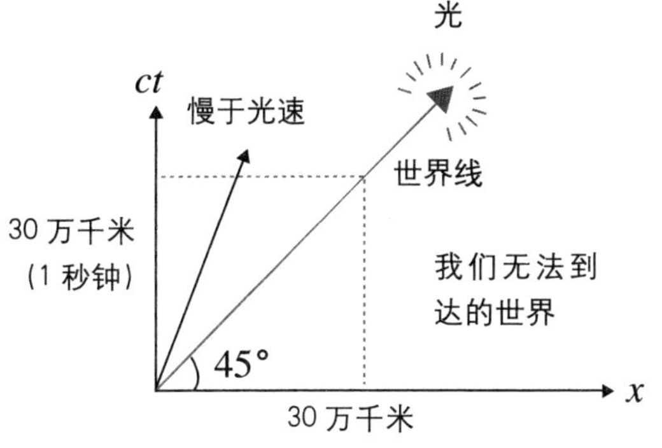

▲ 光通过世界线

"'世界线'？这名字挺大气……"

"因为光射向各个方位，横轴是二维空间，所以将其画成二维平面的话光的轨道就成了一个圆锥，这就是'光锥'！"

"嘿嘿嘿……突然想吃冰激凌了……"

"在原点的人无法快于光速，所以，他的运动轨道就无法跑出'光锥'，这里就是他的活动范围，他的世界就这么大！"

"怪不得叫'世界线'呢！"

"原本如此。"

"真由美，什么'原本'，你不觉得别扭吗？"

"是吗？我没觉得啊……"

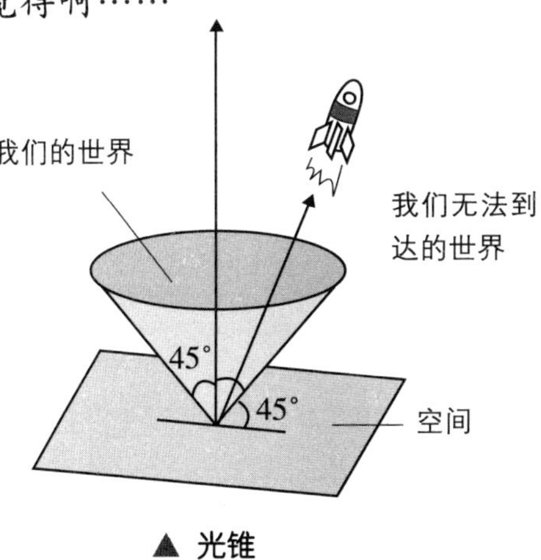

▲ 光锥

“我们先来设定一个匀速的参照系，看下面图中的A，B两点。”

“A和B就像是一列行驶火车的首尾。”

“我明白了，是这样的。”

健很自信地画了两条线，以及1秒钟后火车的位置。

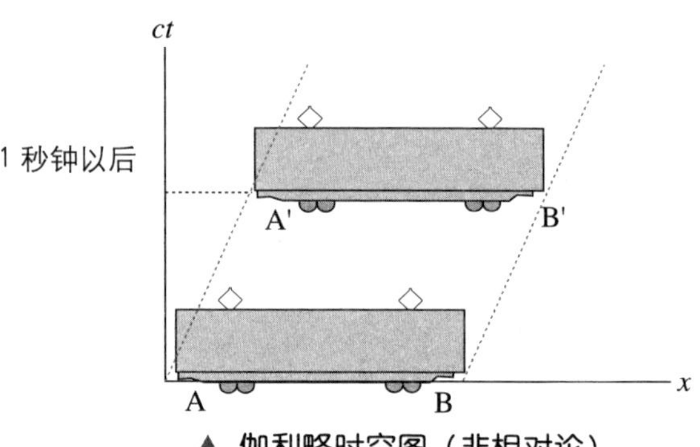

▲ 伽利略时空图（非相对论）

“原本是这样的，但是，如果只有时间轴倾斜的话，爱因斯坦设定的‘光速不变’就不成立了。

“你们看下面的图，光经过1秒钟走过的距离为A'C，也就是说光速降低了。”

“真的呢！1秒钟只走了c−v”

“这样光速就不是一定的了。”

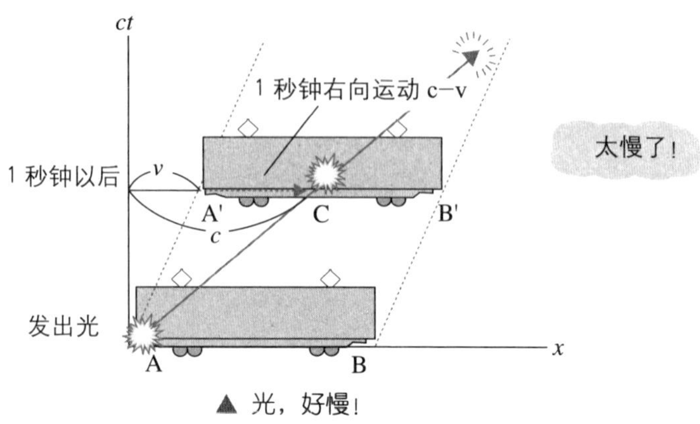

▲ 光，好慢！

“终于明白了……真由美说‘是’的时候，我应该回应‘原本……’。”

“健同学说的是‘普适时间’（无论参照系如何变化，时间不变）……你和伽利略想的一样！”

“要是‘普适时间’的话，‘光速不变’就不成立了。”

“那么该怎么办呢？有一个办法！把横向的空间轴倾斜。这样从运动的参照系看来……看到的是点线……距离一单位就是时间一单位。”

“即使是运动的参照系，（c×1）÷时间（1秒）=c，所以光速度是一定的。”

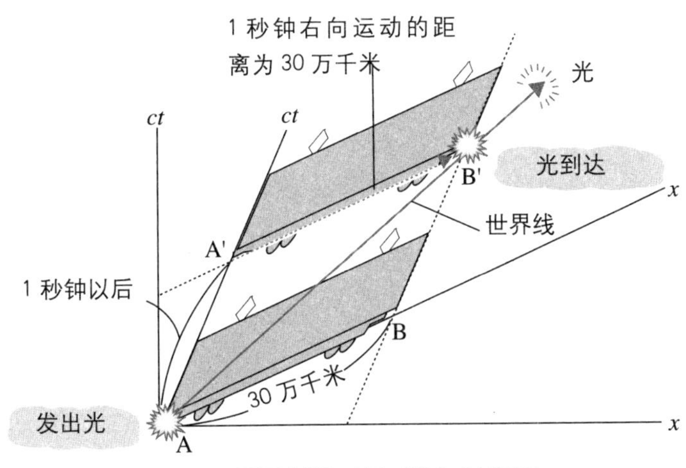

▲ 爱因斯坦（相对论）时空图

“准确无误！在AB运动参照系中，是A'和B'同一时刻。”

“静止的人看来，时刻是水平的！A'和B'就不是同一时刻了。”

“真由美同学太棒了！看来你听明白了！

“这样可以换个角度解释‘同时性’、‘时间膨胀’和‘长度收缩’也都不在话下！闵可夫斯基不单单想出了这个图形，他还用数学公式表示了爱因斯坦的‘光速不变’！自此以后，理论也不断地得到了发展和创新。”

“闵可夫斯基是爱因斯坦大学时的数学老师，他非常佩服伟大的相对论，但没想到的是发现者竟然是自己的学生！据说是因为学生时期的爱因斯坦默默无闻，毫不起眼，不然老师怎么会没在意呢。”

“嘿嘿嘿……”

“不过既然身边有这么优秀的学生，老师肯定也很努力了。”

“好！看我想出个让山扣刮目相看的理论……嘿嘿嘿……”

“这次的学术会议，做个让老师刮目相看的报告！嘿嘿嘿……”

嗤笑的两人四目相对……

“哦，哦……”

“差不多吧，吭，吭……我还得准备学术会议上的报告，今天就先这样吧，明天讲‘广义相对论’。”

“好的，光二郎那么忙还过来指导我们……”

“没关系，如果能帮上你的忙，我很乐意效劳……”

“为我……”

“还有我呢！”

第二节

爱因斯坦方程式

目标指向广义相对论

“今天还去吗？我一点儿也不想去了。”

“但光二郎忙里偷闲来教我们，不去不太好吧？”

气氛很怪……两人来到了山口老师的研究室。

“……”

整整齐齐的房间里，认真地正对着电脑的光二郎停了下来，转身看到他们两个。

“你们来了，这儿太乱了，你们随便坐吧！”

“哪里乱了……”

“我正在准备发表用的报告，所以今天的时间不是很多……”

“你很忙啊，那我们先走了！”

“你也真是的！人家这么忙还指导我们，我们更要认真听了。”

真由美一把拽住健，健一下子坐到了板凳上。

“真由美还有这一招呢？不过，还是那么可爱！”

“哪可爱啊……”

“你们都无视我吗？”

“时间有限，我们直接进入‘爱因斯坦方程式’！这是人类最宝贵的知识财产之一，它向人们科学地解释了宇宙的起源和归宿，而在此之前人们一直是空想……

“它既然如此伟大，自然有其困难之所在。你们不用担心，只要知道基本的张量和连接系数（微分）就没问题了。”

“张量？连接？是说‘连接’吗？”

“考虑到时间的关系我们继续进行，有不懂的地方课下复习。”

“哦……”

“本来狭义相对论适用于匀速运动，爱因斯坦想要使其同样适用于‘加速运动’。”

“狭义相对论本来只是适用于匀速运动，就是说要扩大范围？”

“对！提到加速运动……重力问题有很大的关系！”

“重力与加速运动，什么关系？”

“比如在电梯向上加速的时候，加速运动中的惯性使你感觉自己变重了！”

“昨天真由美就是这样！她一下子就变了！”

“重要的是如何变重？是因为电梯在加速？还是地球变重使重力增大了……不好判断吧？”

“那还不容易，坐着电梯呢！”

“你只是单纯靠自己的经验加以想象，在看不到外界的时候，你无法判断是哪个原因。”

“哦，你说的也有道理……”

“总之无法判断‘加速运动的力’抑或‘重力’……这就是‘等价原理’！”

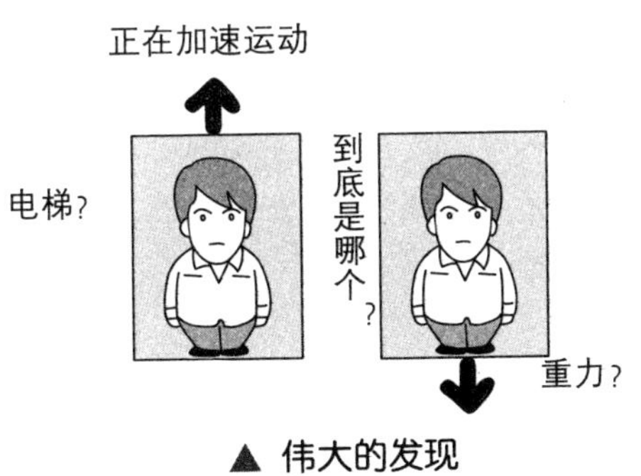

▲ 伟大的发现

“的确是‘等价’……”

“爱因斯坦自己说起过，他觉得这是他‘一生中最重要的发现’。”

“还不错！”

“对了，电梯在加速运动时，你们知道光的轨迹是如何变化的吗？”

“加速运动时也能在电梯里的镜子上看到自己，还应该是直线传播吧！”

“你们看左图，在里面的人看来A点发出的光照到了B点，那外面的人看到了什么呢？你们再来看右图。”

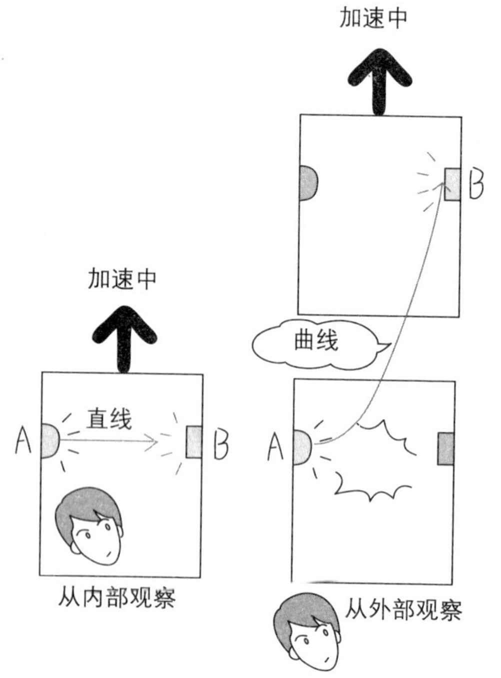

▲ 加速运动的电梯

“光为什么是弯的？”

“莫非这就是前面讲的，‘从任何角度看都是同样的现象’？”

“没错，狭义相对论中也有‘相对性’，而且加速运动中也同样适用。”

“电梯加速上升，那光要到达B点是得弯曲了。”

“差不多吧。这里有‘加速运动和重力相等’的‘等价原理’，加速运动与下图所示重力形成的运动是一致的。”

“你是说……重力使光弯曲？”

“没错！为什么直线传播的光会弯曲呢？爱因斯坦的解释

是‘空间弯曲了，光的传播路径自然就弯曲了’。”

“光加速运动，弯曲→因重力弯曲→因空间弯曲而弯曲，也就等于是，重力使空间弯曲？”

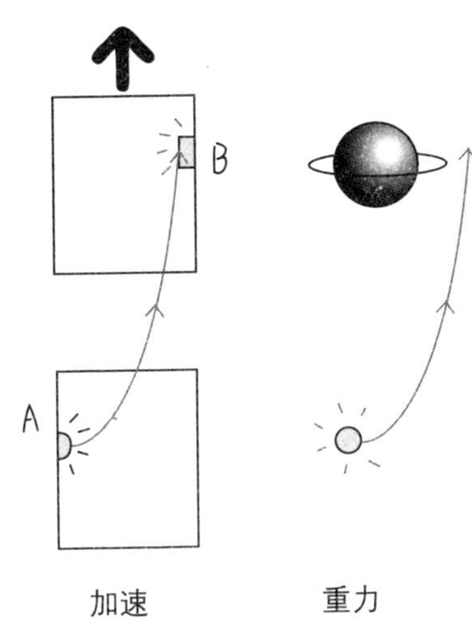

▲ 光，弯曲！

“不愧是真由美，回答得太棒了！”

“(抓耳挠腮)……”

用数学算式表示弯曲的空间

“第一步，我们要用数学算式表示弯曲的空间。”

“弯曲空间的数学？”

“拿地球来说吧，这是一个二维空间弯曲的典型。沿着赤道，你画出一道平行线。”

“‘平行线’？永不相交的直线呗！嗯，画好了。”

健在地球仪上画了一道很粗的线，这可是山口老师的私人物品。

“差不多……你看这条呢？”

光二郎又补上了一条线。

“真的呢！永不相交！但这两条线之间的距离不是一定的。”

“对，这就是地球表面的二维空间弯曲（平面），在弯曲的空间里，平行的性质自然也发生了变化。”

“噢？”

“平面几何里大家都知道的，欧几里得几何。”

“噢……吉利……得几何！哈哈哈……”

“下面要涉及数学的内容，这也是广义相对论中的不可或缺的部分。”

全然不顾大家又开始抓耳挠腮的健，光二郎继续着自己的说明。

“在欧几里得平面中，3个距离是这样的。”

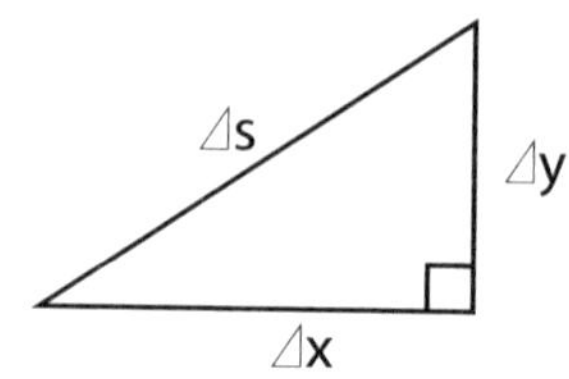

$$(\Delta s)^2=(\Delta x)^2+(\Delta y)^2 \longrightarrow ds^2=dx^2+dy^2$$

▲ 线素

“这是勾股定理！”

“的确如此。在弯曲的空间中需要一个小时的极限，于Δ是和 d 就变成了……ds 即为线素。”

“嗯？‘限速’是什么……”

“在这里，我们将 x 换出 x^1，将 y 换成 x^2，将 dx^2 的系数 1 写作 g_{11}，dy^2 的系数写作 g_{22}，可以得出算式：

$$ds^2=g_{11}dx^1dx^1+g_{22}dx^2dx^2$$

“而且，一般结果如下，

$$ds^2=\sum_{\mu=1}^{2}\sum_{\nu=1}^{2}g_{\mu\nu}dx^{\mu}dx^{\nu}$$

。”

“Σ 就是说 μ 从 1 到 2，ν 也从 1 到 2，一直加下去，会得出下面的结果 $ds^2=g_{11}dx^1dx^1+g_{21}dx^2dx^1+g_{12}dx^1dx^2+g_{22}dx^2dx$-”

“不单是欧几里得平面，还适用于所有的弯曲空间。比如 $g_{11}=g_{22}=1$，其余为 0 时就是欧几里得空间。”

“是说根据 $g_{\mu\nu}$ 可以知道是何种空间！”

“差不多是这个意思，前面的式子稍微有些复杂。”

“稍微？那是相当复杂啊！”

“爱因斯坦也考虑到了这点，所以将其简化成了

$$ds^2=g_{\mu\nu}dx^{\mu}dx^{\nu}$$

“上下对应的小字母可以自动求和，所以将$\sum$ 符号省略了。感觉如何，是不是一目了然？”

“是吧……”

“只是线素不好理解空间的弯曲度，所以又有了‘连接系数’。”

“连接系数？”

“跟刚才的平行问题相同，用数学表示弯曲平面（空间）

的平行性……也就是微分了。”

“朗朗上口！”

“弯曲空间的几何学又称为‘黎曼几何’，真的很难！”

“你都觉得难吗？”

“那……山扣一定不会！”

“你怎么知道？再怎么说，山口老师也是物理方面的专家啊！”

“不，他很可能真的不懂！”

光二郎若无其事，脱口而出……

“太难了，你们看一下结论就好，

$$\Gamma_{\mu\nu}{}^{\lambda}=\frac{1}{2}g^{\lambda\rho}\left(\frac{\partial g_{\rho\mu}}{\partial x^{\nu}}+\frac{\partial g_{\rho\nu}}{\partial x^{\mu}}-\frac{\partial g_{\mu\nu}}{\partial x^{\rho}}\right)$$

“这是表示连接系数的式子！”

“啊？”

“上面带有小字母的 $g^{\mu\nu}$ 就是‘逆计量张量，

$$g^{\mu\alpha}g_{\alpha\nu}=\delta_{\nu}^{\mu}$$

“当然，上下对应的小字母可以自动求和。$\mu=\nu$ 时，δ_{ν}^{μ} 为 1，其余情况下均为 0，即‘克罗内克记号’。”

“啊……”

“只有连接系数是不够的，要表示空间的弯曲度，下面的称为‘黎曼曲率张量’，这是连接系数的微分量。”

两人四目相对，无言。

“下面是‘黎曼的曲率张量’，

$R^{\rho}{}_{\sigma,\mu\nu}=\frac{\partial\Gamma^{\rho}{}_{\sigma\nu}}{\partial X^{\mu}}-\frac{\partial\Gamma^{\rho}{}_{\sigma\mu}}{\partial X^{\nu}}+\Gamma^{\rho}{}_{\lambda\mu}\Gamma^{\lambda}{}_{\sigma\nu}-\Gamma^{\rho}{}_{\lambda\nu}\Gamma^{\lambda}{}_{\rho\mu}$ 。”

“哇！暗号……”

“啊！一点儿也看不懂。”

健和真由美相互看了一眼，接着，他们把目光转向光二郎。

“你们两个都安静！这个式子表示的是Γ（伽玛函数）。一级微分$\frac{dg}{dx}$表示g的斜率，二级微分$\frac{d^2g}{dx^2}$表示弯曲的程度。”

再次陷入一片静寂……

“接着，就到了张量的下一步运算

$R_{\tau\rho}=R^{\mu}{}_{\tau,\rho\mu}=\frac{\partial\Gamma^{\mu}{}_{\mu\tau}}{\partial X^{\rho}}-\frac{\partial\Gamma^{\mu}{}_{\sigma\tau}}{\partial X^{\mu}}+\Gamma^{\mu}{}_{\rho\lambda}\Gamma^{\lambda}{}_{\mu\tau}-\Gamma^{\mu}{}_{\mu\lambda}\Gamma^{\lambda}{}_{\rho\tau}$ 。”

“……”

健的眼珠飞出去了，耳孔冒烟……的感觉。

“啊！健没气了。”

“在相对论中很常见的！下面是弯曲的原因——重力。”

“先前讲的是用数学式表示弯曲的空间，现在要说的是重力如何使空间弯曲？”

“聪明聪明！”

“……”

“（气绝中）……”

爱因斯坦方程式

"还记得吗？狭义相对论中的一个结论——质量与能量等价。"

"（声音很小）是 $E=mc^2$ 吗？"

"是的，因为要提到重力和质量对空间的影响，这种影响应该可以通过与能量相关的某种量表示出来，爱因斯坦选择的是，'能量运动张量' $T_{\mu\nu}$。"

"（声音越来越小）能量，运动，张量？

"经过无数次试验，爱因斯坦在 1915 年总结得出了重力场的方程式：

$$R_{\mu\nu}-\frac{1}{2}g_{\mu\nu}R=kT_{\mu\nu}$$

"这就是伟大的爱因斯坦方程式！但是在重力比较弱的时候，这个方程式与牛顿的万有引力方程式相矛盾，为解决这个问题，系数 $k=\frac{8\pi G}{c^4}$"

"很快就要到关键的方程式了，

$$R_{\mu\nu}-\frac{1}{2}g_{\mu\nu}R=\frac{8\pi G}{c^4}T_{\mu\nu}$$

"可喜可贺！终于得出了人类的宝贵财产——'爱因斯坦方程式'！"

"是……"

健仍然处于气绝中。

光二郎从包里掏出笔记本电脑，看着自己的安排。

“很抱歉今天就到这里吧……我明天就得开会了，不过老师就该闲了，有事就问他吧……”

关了笔记本电脑，拿上资料，光二郎健步如飞地离开了研究室……

“呼……”

健好像也恢复了意识。

“你还好吧？”

“这是做梦还是幻想呢？脑袋都要炸了……”

“我也差不多了……”

“什么嘛！我就学会地球仪了，伊拉克在那个地方啊……”

两人都安静了下来。片刻的沉默过后，两人四目相对发出惨叫：“山口，快回来！”

第三节

重力与时间的关系

还是学校里的那条路，还是去山口老师的研究室，不一样的是：两个人都战战兢兢的……

打开门，探头窥视……怎么会？房间这么乱？

“山扣！想死你了……”

健跑到山口老师身边，拥抱。感人至深的场面……

“老师，您在家累吗？”

“差不多吧……”

真不愧是山口老师，才半天就把光二郎整理好的房间恢复了原样。

“听光二郎说，教了你们‘爱因斯坦方程式’。”

“噢！一大堆的公式。什么张量，什么黎曼……反正都没弄明白。”

"光二郎挺聪明的，你们吃了不少苦头吧？哈哈哈……"

"听得我脑子的都从耳朵飞走了！"

"相对论中很常见的！想当年我也吃了不少苦头呢！"

"就说嘛，山扣也不会！"

"别瞎说！"

"今天来点轻松的，实例说明……"

"好！"

加速上升的电梯

"先是坐电梯。"

"好！那我先去了。"

"不用不用！回忆自己曾经怎么坐的就行了。"

"是'思考实验'！健，你也动动脑子。"

"从一层起加速上升，里面的人会感觉变重。"

"噢！真由美当时就变胖了！"

"你会说点别的吗？"

"这就是'惯性'，高中学的还有印象吗？"

"是学过的，比如说车子开动时人往后仰。"

"还有车转弯的时候，人好像要被甩出去了。"

"那是离心力，圆周运动时的惯性。"

"噢！圆周运动时的离心力啊！"

"我们回到电梯的问题上，变重是因为加速上升呢？还是地球变重使重力加大了呢……在基本原理上是无法得出结论的！爱因斯坦就想了，何不将错就错，把它们当作一个呢？”

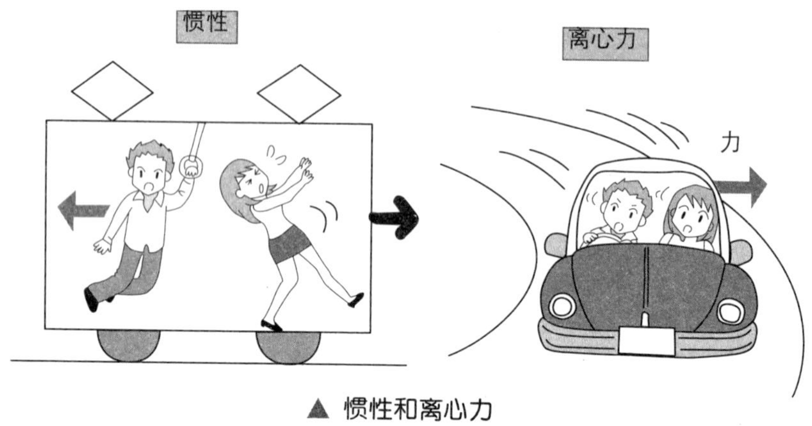

▲ 惯性和离心力

“对了，具体说来‘蹬下原理’（是等价原理）是什么？”

“你记得挺清楚嘛！

“等价原理是说，加速运动时的现象同样可以因为重力得到相同的效果。所以，广义相对论的对象就是重力。”

“怪不得光二郎也一直强调重力呢！”

“原来如此。‘蹬下’，确实是重力！”

重力与时间

“引入‘等价原理’以后，我们再来看一下电梯中光的轨迹。”

察觉到健要起身走向电梯，真由美锐利的眼神直线传过来，健立刻老实了。

“在电梯内的人看来，A 点发出的光会到达 B 点，但是在外面看来，光线弯曲了。”

“为什么会弯呢？”

“这就是‘相对论’，内外看到的是一样的。”

“不错！在外面的人看来，光走过的距离更远。”

“就是说‘里面的时间过得慢’？”

“嗯！”

“要是里面过了 1 秒钟的话，外面就过了 1 秒多，应该是外面过得慢啊？”

健一同学，你有必要复习狭义相对论的时间膨胀问题了。

“加速运动时，时间会过得慢……马上就要到‘等价原理’！”

“我知道了，重力也同样是时间变慢了。”

“真由美同学反应真快！”

“重力越大，时间也就越慢吗？”

“健同学反应也不错！加速度越大时间确实会越慢。”

“如果人住在太阳上时，过得比住在地球上要慢？”

“那是自然的了，太阳比地球重了多少倍呢，肯定也更慢了！”

“确实如此！而且同在地球上时也会有不同，你们考虑一下地表和高山上的重力情况。”

“越高的地方万有引力，也就是重力越小，所以高山上的时间过得快！”

“那就是在地表上面能长寿了？这么说来，飞行员的寿命肯定会变短。”

“山口老师，不是越快时间就越慢吗？这是狭义相对论得出的结果！”

“飞机上的重力小，所以过得快；因为在运动，所以过得慢！山扣，到底哪个对啊？”

“两个都没错！”

“都对？变快？变慢？同时？”

车载导航系统

“你们都听说过‘GPS 汽车定位装置’吧？”

“什么？”

“我是个路盲，开车就没有顺利找对过地方！所以我太太就让我装了个车载导航系统。”

“原来是‘车载导航’啊！我还以为是什么先进的玩意呢，对于我这种天才根本没有必要。”

“前一段是谁嚷嚷着要买的？”

“车载导航系统靠人造卫星来确定自己的位置！GPS 是全球定位系统。”

“还要卫星的信号？”

“是的！有27个卫星在大约2万千米的高空绕地球飞行，时速大约为 3300 千米。”

“卫星是怎么得到我们的位置的？”

“卫星上都有精确的时钟，其位置可由轨道计算得出，从其发出的信号以光速传播，根据收到信号的时刻计算，可以知道卫星与车之间的距离。”

“既然知道卫星的位置，自然可以知道离它有多远。”

“只有距离怎么知道位置呢？”

“你看下面这张图。GPS 卫星 A 的距离了解以后，知道了车辆在圆周 a 上；同理，GPS 卫星 B 的距离了解以后，知道了车辆在圆周 b 上。所以，a、b 的交点就是车的位置。”

“噢！两个卫星，就知道我的位置了！”

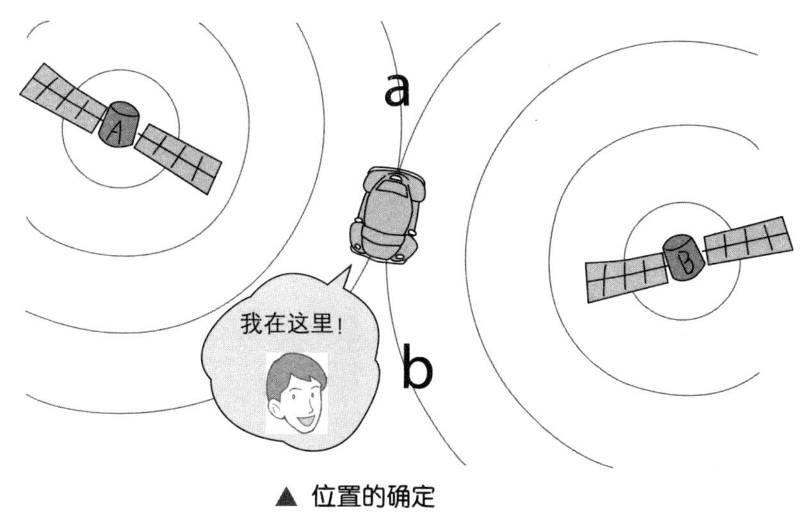

▲ 位置的确定

“实际操作是立体的，非常复杂！但大概原理明白了吧？”

“老师，那卫星里的时钟，一定要非常非常的准确？”

“是的，不但要准确，还有相对论的存在。”

“‘狭义，慢；广义，快’，必须得综合考虑呢！”

“是的。两方面都得考虑才能计算出正确的答案。所以，GPS 卫星上的时钟，每秒钟都会慢 0.0000000000445 秒。”

“那么精确啊？”

“GPS 原先是美国的军用技术，用以确定军事基地的位置和导弹对准的目标，据说误差可以到厘米的单位。”

“厘米？真的吗……不过我没有必要用……”

“而且，民用的信号还故意有误差。”

“为什么啊？明明那么精确的？”

“正是因为特别精确，所以万一被恐怖分子利用了后果就难以预计了？”

“有理……”

“总之，狭义相对论和广义相对论都与我们的生活密切相关。”

“生活中利用相对论，真的很厉害。”

“感觉就在身边呢！”

“要说身边的话，当属便利店的鲑鱼便当了。对！就叫‘鲑鱼便当理论’。”

“嗯？鲑鱼便当理论？”

第四节

重力使时空弯曲

又是一周的开始，健和真由美相约去找山口老师。

“上周山扣讲的内容我都明白了，不知道那个……光二郎还来不来？”

“学术会议结束了，很可能来了吧。”

“哦……”

“你好！”

“房间好乱啊！这么说光二郎没来……”

听到健的大声嚷嚷，坐在桌子旁边的研究生吃惊地回过了头……

研究生：“光二郎？坐在那里……”

“啊？”

的确，光二郎就坐在旁边的一个桌子旁。只见他无精打采地望着窗外，原来有一只信天翁在天空盘旋……

“早上好，你好像精神不太好？”

“你好（沉重……没有往常的闪闪发光的眼神）！”

研究生：“光二郎在学术会上被美女物理学家批得体无完肤，所以就成了这个样子……”

弯曲时空之例——地球仪

“你们好！精神不错嘛。”

“呵呵呵……”

“上周的内容还记得吧？‘重力造成的时间膨胀’！今天换个话题，是‘弯曲的空间’！”

“‘弯曲的空间’？就是那个‘黎曼几何’？”

“是的，今天的内容也不难，而且我们会讲得很形象。”

笑容可掬的山口老师从桌子上的垃圾，不，是从一堆书中翻出了地球仪。

“这就是弯曲空间的实例，啊？谁在这上面画了这么多线……”

这可是健和光二郎的杰作。

“唔……真的呢！这两条线是平行的。”

“没错，赤道有无数条平行线，但是这跟欧几里得几何是矛盾的……

“不只是平行线，面积、角度也都有不同。圆的面积公式你们还记得吧？ $S=\pi r^2$ 那么当半径变为 2 倍的时候，面积理应变为 4 倍。”

“当然！”

“那么在地球表面，这个弯曲的空间上又是什么情况呢？以北极点为中心，以到赤道的长度为半径画一个圆。”

“一看就知道了啊？面积就是地球表面积的 1/2！”

“为什么？”

“看图很容易得出为 1/2，当半径变为 2 倍的时候……”

“加上南极，就是地球的表面积。”

“是啊！半径变为 2 倍，面积也变为 2 倍。但在平面上时，应该是变为 4 倍的啊！所以说，弯曲的空间上有很多事情与常理不符，处理这些问题的‘黎曼几何’也同样很复杂。”

“嗯！就是连山扣都不明白的问题。”

“从何谈起？”

测地线

“如果我们在平面上引一条直线，‘直线的倾斜’在空间全体保持一致，但是在弯曲的空间上则大相径庭，随着位置的变化，其‘直线的倾斜’也随之变化。”

“是这样的。”

“对！欧几里得几何是全体的几何，弯曲空间的黎曼几何则是随位置变化的局部几何。”

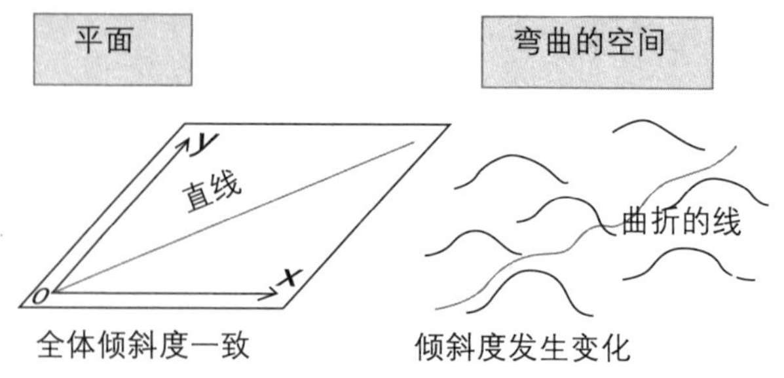

▲ 直线的行进

“说不上十分严密……”

“真由美同学刚才提到的弯曲空间中的直线，实际上是光线的轨迹图！专业术语称为‘测地线’。”

“是‘两点之间的最短距离’？”

“完全正确。”

“说不上十分严密……”

光线弯曲

“重力使空间弯曲，所以，有星星的地方就会产生弯曲。”

“有星星就会使光线弯曲？”

“没错！有人为了验证‘广义相对论’正确与否，就想办法验证了其推论‘太阳使光线弯曲’。”

“太阳？使光线弯曲？”

“对！因为太阳的存在，空间就像蹦床下陷一样弯曲，本来位置在太阳背面的星体光线发生弯曲，于是，站在地球表面地上的人们也观测到了这个星体。”

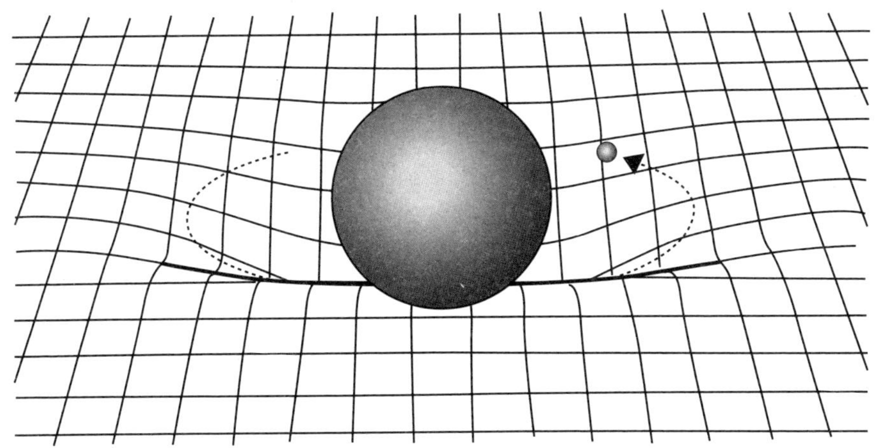

▲ 弯曲的时空

用弹子途径蹦床上的一个重球，模拟时空弯曲。这种弯曲解释了太阳使光线的偏折，在日食时可以观测到。

“哇！看到了原本看不到的地方。”

“看到了看不到的地方？嘿嘿嘿……”

“不过太阳那么耀眼，怎么能看到星星呢？”

“是我刚才忘说了，这个实验是在‘日食’时完成的，观测结果也非常有戏剧性，根据相对论算出的光线弯曲角度应该是1.75秒角。”

“秒角……”

“我们平常用的是度，1/60就是分角，再1/60就是秒角了。”

“照这么说，1.75秒角也真能测得出来？”

“这点不用担心，前人已经计算出了结果。广义相对论是在1915年发表……1919年时就测出了这个结果。”

“这三年时间都在等待‘日食’？”

“是的！英国人爱丁顿在非洲测出了结果。”

“爱因斯坦真神。”

“这个新闻很快传遍了全球，‘广义相对论’也像‘狭义相对论’一样为大家所熟知了。”

“那就是说‘广义相对论’发表没多久就大获成功？”

“嗯！也可以这么说，不过因为比狭义相对论难了很多，又不知道有什么作用，持怀疑态度的也大有人在。”

“嗯！黎曼几何的确很难。”

“这个新闻还有别的意义，刚才不是说测定人是英国的爱丁顿吗？但爱因斯坦是德国人……”

“英国人和德国人，这怎么了？”

“我知道了，当时恰逢第一次世界大战结束……”

“是啊！战胜国的科学家证明了战败国的理论，还加以赞扬。也可以说成是超越政治的科学！从这个意义上也引起了很多人的注意。”

“这还不错。”

“科学也要和平啊！”

山口老师有事先回去了。地球仪就放在桌子正中，终于，真由美看不下去了……

“山口老师好像挺爱惜这个地球仪的。”

“好像是受了打击……”

“别担心，用油性笔写的我有绝招，溶剂……”

光二郎不紧不慢地从桌子抽屉里拿出一个奇怪的药水瓶。

“行不行啊？”

“没关系，很快就搞定！”

“真掉了！”

三人齐心协力……5 分钟以后……

“哈哈，终于干净了！”

“还不错！”

“这些线也没了啊？”

“不是吧？”

“看来有些‘过火’……”

地球仪上面原有的线也消失了。

“没事！山扣一定发现不了。”

第五节

黑　洞

“我昨天看了本写黑洞的书，你知道是什么吗？连宇宙飞船都被吸进去了。”

“还书呢，又是漫画吧！”

“嗯！漫画可是我的知识宝库。”

好了好了，到研究室了……

山口老师出来给他们开了门，眼神立刻回到了地球仪上，小声嘟囔着……

“多余的线是没有了，但正常的线怎么也没了呢……”

“……”

“（在角落）……”

“老师我有个问题！我昨天看到了一本写黑洞的书，黑洞到底是什么啊？”

“黑洞？是这样的……”

成功！老师好像忘记了地球仪的事情。

第一组精确解

"1915 年，爱因斯坦发表了'广义相对论'。同年，卡尔·史瓦西[①]推导出了方程式的第一组精确解。"

"第一组精确解？"

"对，在非线性方程式中精确解非常重要，线性方程式有固定的解法，但非线性方程式只能靠运气'偶然解开'。"

"非线性方程式？偶然解开？好难啊！"

"答案的确令人震惊！他的解答以'球对称的不随时间变化的重力'为前提……算出了质量为 m 的质点在距中心 $r=2G\frac{m}{c^2}$ 的位置（史瓦西半径），'计量是无限大'的。"

"'球对称'？'计量无限大'？完全糊涂啦！"

"……严格来说，计量张量可以无限大，曲率张量不可以……嘀嘀咕咕……"

"我们可以知道的是，时空的弯曲度可以十分的大！以史瓦西半径为界，它的内外两侧无法满足因果关系。"

"怎么扯到什么'因果关系'了？"

"因果关系是说前后的联系，前面是这样，那么后面就是

①卡尔·史瓦西：卡尔·史瓦西（1873～1916），德国物理学家、天文学家。1915年，卡尔·史瓦西在俄国服役时，写了两篇主要的论文，一个关于相对论，一个关于量子论。他在相对论方面的研究得到了一般性重力理论方程式的第一组精确解；他进行了古典黑洞上的先锋工作，因此，黑洞的两个性质以他的名字命名——史瓦西和史瓦西半径。

那样……原因和结果的关系。”

“‘原因’和‘结果’合在一起，就成了‘因果关系’。”

“对！但因为以史瓦西半径为界的内外两侧无法满足因果关系，原有的物理学就不适用了。我们称之为‘奇点’。”

“对我来说就数‘锻炼身体’了！”

“下面的问题逐渐变难了，我们以地球为例，计算一下史瓦西半径的具体数值，地球的质量 m 大约为 6×10^{24} 千克，史瓦西半径的方程式为 $r=2G\frac{m}{c^2}$，那么，将地球的质量 $m=6\times10^{24}$ 千克和万有引力 $G=6.67\times10^{-11}$ 代入以后，r 大概等于 1 厘米。”

“只有 1 厘米？”

“当地球放进这么大的空间时，会发生刚才那样的奇特事情。”

“把地球放进半径为 1 厘米的球中？不可能！”

“太阳是这样的，质量 m 大约为 2×10^{30} 千克，史瓦西半径 r=3 千米，太阳的半径 70 万千米的……二十三万分之一！”

“二十三万分之一！又是不可能的事情！”

“没错！人们的想法都像健同学的那样，认为是不可能存在的。但随着观测技术的提高，人们确实发现了质量和太阳大致相等，但半径只有 10 千米的超高密度天体。所以，史瓦西半径也就有了现实意义。”

“怎么会？”

“比如说中子星和脉冲星。”

“啊！那个我在某杂志上也看到过……”

“是什么专业杂志？总之，比脉冲星密度还大的时候比史瓦西半径还小的时候，会有刚才讲过的‘特异现象’！这就是黑洞。”

“就是说黑洞十分小喽？”

“是的，在史瓦西半径以内由于强大的重力作用，连光线都不会逸出。”

“巨大的重力使光线弯曲？”

“对！从外面看来一丝光亮都不会有……黑漆漆的天体……这也是‘黑洞’名字的由来，命名的人叫作约翰·惠勒，多么意味深长的名字啊！”

“山扣你别想比……”

“咣当！”房间的门被猛地推开，一个女孩冲向山口老师大喊着……

“爹地！”

“这不是凯尔吗？”

“健！你是这孩子的‘爹地’？”

“这是咱俩的孩子……不……”

“哟，是凯尔来了！”

健心想，这么可爱，不会是山扣的孩子吧？孟德尔的遗传规律失灵了吗？

“爹地，这是午饭，是妈咪亲手做的鲑鱼便当……”

“哇！那是‘相对便当’！”

山口老师接过便当，又回到了黑洞的话题上，只不过还是一副‘好爸爸’的笑脸……

“作为爱因斯坦方程式之解的黑洞比较难，我们换个好理解的‘重力’角度来讲，提起力，你们能想到哪些？”

“有洞察力、想象力……”

“(无视健)电力、磁力、浮力、摩擦力、弹力等。”

“还有视力、实力……”

“(无视健)，对，说起来有很多种力，总结起来，可以归纳为4种力。”

“我们刚才说的就已经超过4种了。”

“啊……肌肉的力量是凭借呈纤维状的肌肉离子的移动，这样会在离子之间产生电力，其余……摩擦力和弹力……总之，可以归纳为4种力！分别为电磁力、强力、弱力和重力。”

“电磁力？是电力和磁力的结合吗？”

“对！他们本质是相同的，所以可以合为电磁力！”

“弱力和强力又是什么啊？”

“强力……比如说原子核是带正电的质子的集合体，质子非常的小，无限靠近的时候就会产生无穷大的斥力。”

“因为库仑定律 $F=k\frac{qQ}{r^2}$ 中的r无限小。”

“那原子核是怎么聚集起来的？排斥力那么大，应该会四散开啊！”

“使它们聚集在一起的就是强力……在原子核中就成为核力。”

“强力？好强啊！”

“怎么……还是那副德行……”

“有一点非常奇特，在物体间距离稍微增大后核力几乎会变为0！就像是挂钩一样。”

“挂钩？把东西挂在墙上的那个东西？有个叫这个名字的船长呢……”

“啊！一点儿都不严密……”

“还有就是弱力，这个表现在原子核反应的贝塔崩溃现象中，最后是重力……跟电磁力不同，重力只有引力……这点是关键！”

“嗯，这就是万有引力。”

“在电力或者磁力中，引力和斥力同时存在并达到平衡状态进行结合……”

“取得平衡的结合……”

“阳离子与阴离子会相互吸引结合到一起，在此基础上再吸引来1个阳离子，接着又加入1个阴离子……队伍不断发展壮大。

“假设有9个阳离子和10个阴离子的结合体，这时，在此基础上有1个阳离子A将会结合……这个正电荷A受到阴离子吸引的同时，受到了阳离子的排斥，不过总的合力大致等于一个阴离子的引力。所以，大量的电荷在一起会互相抵消，力不会无穷增大。”

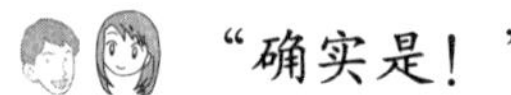

“确实是！”

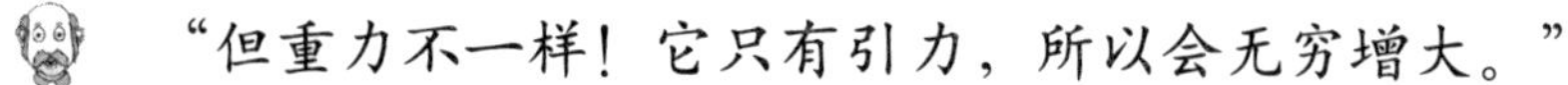

“但重力不一样！它只有引力，所以会无穷增大。”

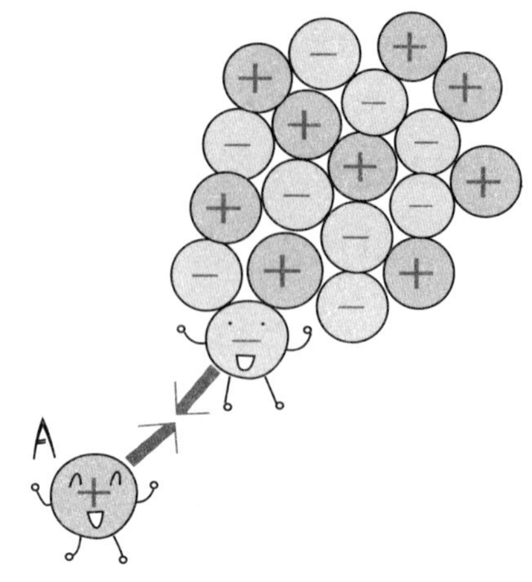

▲ 电力的作用

“嗯！越来越大……吸引……再吸引……”

重力是特别的

“我们来详细分析一下，质量不断增大时的具体情况。”

“就是真由美变胖时的情况！哈哈哈……”

“哈哈哈……真由美同学有 100 千克？”

“差不多吧……”

“瞎说！ 40 千克。”

“40 千克？客观评价，不太可能……”

他们不顾真由美的反对，话题继续着……

“假设真由美同学变胖了，差不多是一个质量跟地球差不多的星星。”

“物理学家？果然不走寻常路！”

“维持真由美身体的就是分子间的力……电子和原子核的‘电力’。”

“那就是说，我因重力快要解体，又因为电力的存在得以维持？”

“在原子核周围有更小的电子围绕四周运动，这就是原子。其实真由美同学是空空如也！”

原子核相当于一个弹子时，原子整体如同一个棒球场，而电子就像在观众席上来回穿梭。

“吼吼吼……真由美的确空空如也！”

“你才是呢！尤其是脑子这块儿。”

“真由美同学逐渐变胖，最终变为质量与太阳相当的一个星星，于是，万有引力使空间中的灰尘、气体吸附到真由美身上，此时，真由美同学中心部位的分子则高速运动，非常高的温度。”

“没错，她经常气得头上冒烟……”

“（无视健）万有引力的位置能量变成了‘动能’？”

“是的，造成了在中心运动的氢原子剧烈运动，不断撞击在四周运动的电子，结果就是质子与电子混合高温（高速运动）的气体状态。”

“这又被称作‘等离子体’……”

“……”

“嗯！在1000万度高温时……一旦超过这个临界温度，战胜电子的质子之间就会相互撞击，也就是说引力使核力开始发挥作用。”

“没错，原子核间的‘核聚变’就是这样开始的……”

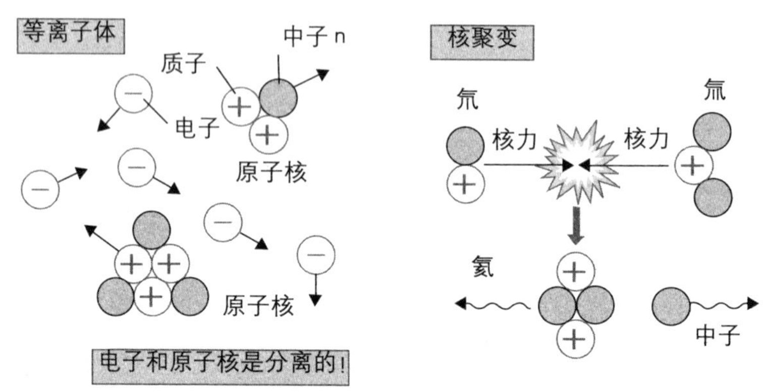

▲ 等离子体与核聚变

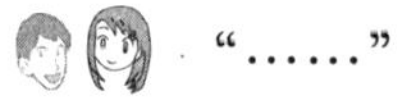“……”

“所以，与太阳质量相当的星体靠核聚变发光……这就是恒星。”

物质在恒星中创造

“太阳的中部几乎全为氢，在超高温的条件下不断发生反应生成氦。氦比氢重，所以逐渐往下，不，是往中间聚集……”

“好像包子……”

“与太阳质量相当的恒星会将氢几乎烧尽（其实是核反

应），外层逐渐膨胀可达100倍，太阳发展到这个阶段时会吞噬水星和金星，危及整个地球轨道！这又被称为‘红色巨星’。”

“完了！不逃出地球就是死路一条啊！”

“不过这都是几十亿年以后的事情，太阳会逐渐收缩，把氦也燃烧殆尽后会停止核聚变，收缩到地球大小，在冷却以前会发出耀眼的白光，之后会逐渐变暗在宇宙中漂浮，这就是太阳的结局——白矮星。”

“好虚无缥缈！就像人生一样。”

“人生，死亡……”

“但是，如果质量远远大于太阳时又是截然不同的另外一种情形。”

“重力是有不同，但结果会截然不同？”

“氢烧完以后燃烧氦，由此生成碳和氧。温度继续升高，碳作为燃料继续发生核聚变反应……氖、镁、硅……会依次生成。”

“就是一超级洋葱。”

“于是，恒星中不断生成各种元素，直至原子核变为最稳定的铁。”

“铁？最爱生锈还差不多。”

“对啊，金或者铂金因为稳定，被广泛应用于戒指的制作……”

“生锈是周围的电子之间的结合，铁的原子核本身是非常稳定的。”

“分不清原子核和原子的人，特别容易产生误解。说什么宇宙间最稳定的铁原子核……会生锈……”

“口气不小啊！”

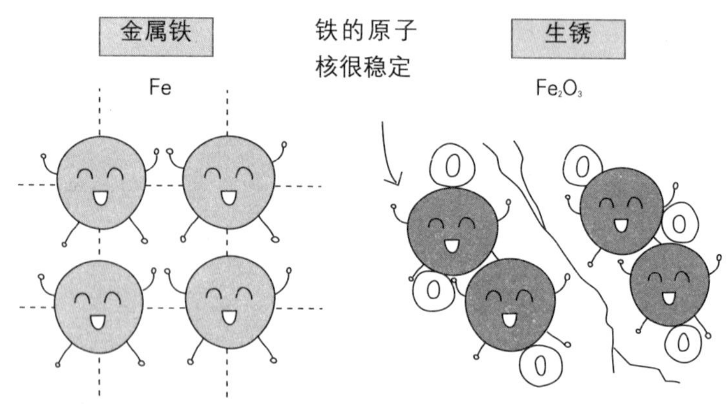

▲ 铁（原子核），宇宙中最稳定！

超新星大爆炸

“恒星中生成铁是一个戏剧性的变化。”

“铁，戏剧性？”

“铁在反应中是吸热的！所以，中心的铁会将恒星反应放出的热不断地吸收，最终导致恒星失去平衡，因为自己的重量而解体。”

“是说核反应没有了外面的压力，只剩‘重力’？”

“是的，解体方法非常的剧烈，剧烈撞击使高密度的中心进一步压缩，落下的物质在中心反弹，大爆炸后的恒星几乎灰飞烟灭般四散开去——超新星大爆炸。”

“最后的场面真是壮观！”

“超新星大爆炸会产生高于太阳几十亿倍的亮度，温度也高达几兆度。所以，迄今为止核反应中没有生成过的重于铁的

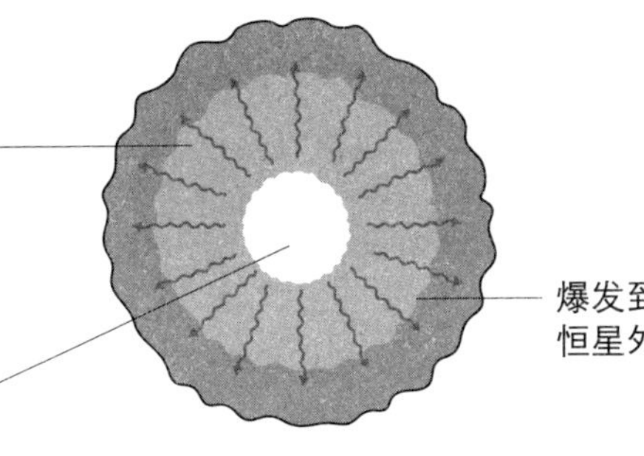

▲ **寻找超新星**

一颗恒星什么时候爆发是天文学家无法预测到的，直到近期，超新星都只是偶然被发现。今天专业天文学家所用的自动望远镜和计算机对夜间搜寻超新星起着重要的作用。

物质……金、银、铀都有生成！也就等于说，大爆炸不是结束而是开始，尘埃因为重力再度聚集，形成了新的太阳系。我们的身体可能就是以前的大爆炸生成的物质。”

“我身上的元素也是大爆炸生成的！我们都是‘大爆炸之子’！”

“莫名其妙！”

“中心剩余的中子星半径只有 10 千米，但质量与太阳大致相同。它的密度之高难以想象，一小杯足可以和富士山的重量相抗衡。”

“一小杯，富士山？喔！”

“此时的原子……不再是电子在四周盘旋那么空荡荡了，已经压缩到了中子那么大的巨大的集合体，这就是‘中子星’！”

“哦，那‘中子星’就如同一个巨大的原子核？”

“对！一个捏得很紧的‘原子核’。而维持其巨大重力的就是，核力……‘强力’！”

“不是电子间的电力，而是强力对抗重力？”

“差不多……”

“要说强力，还真的是十分强呢！值得信赖！”

“又跑题了！”

“最终阶段就是，连这个‘强力’也无法维持的时候。”

“那该怎么办呢？”

“下一步……没办法！”

“没办法？这是什么话？眼睁睁地看着它分裂吗？”

“是的！强大的重力使其余的3种力都无法抗衡……只有分裂！这就是黑洞。”

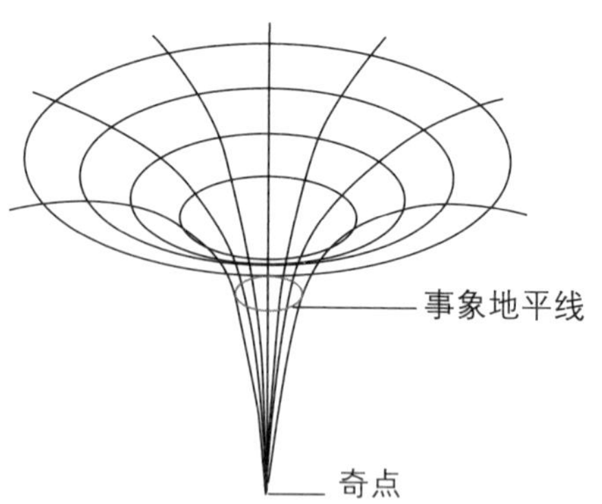

▲ 无法超越的宇宙边界地平线

“只能分裂？”

“是的！因为在极小的空间里聚集了极大的质量，黑洞周围的空间极度弯曲，越过某个界限到达黑洞的时候，有一个连光也无法穿过的界线（面），这个界限就是‘事象地平线’，名字起得还不错吧？”

“光都无法通过那个地平线？”

“进去就出不来了？哇！好恐怖！连光都不会出来！你又怎么知道那里有个黑洞呢？”

“是这样的，恒星一般是两个（双星）或更多地在其重心周围旋转！假设其中之一形成了黑洞，恒星外侧的气体被强大的吸引力吸附进黑洞，这是被加速的带电粒子会发出电磁波……X射线，观测到这个现象就可以证明黑洞的存在。”

“即使看不到也能知道！”

“还可以通过分析双星中可见的那个恒星知晓，两个星球互相吸引，以其重心为中心进行运动，即使一方看不到，通过分析可见星体可以明白其存在和质量。”

“看到不可见的！这就是科学！”

“你往哪看呢？”

“（从真由美身上移开眼睛）……没有，我是说，我也想好好学习科学了……”

“真是的！”

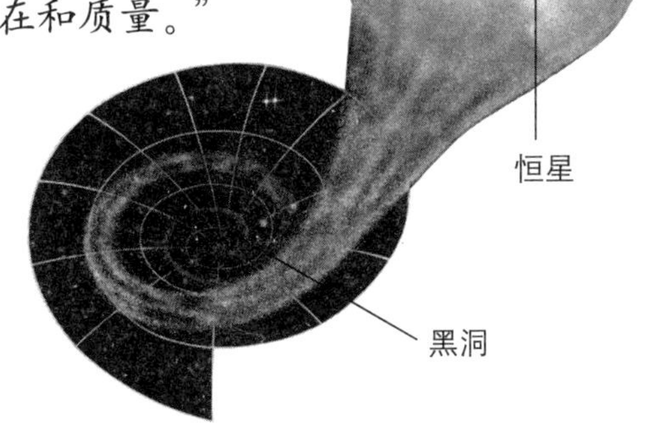

▲ 在黑洞的周围，大量的恒星物质被吸进来，同时光也被完全扭曲，无法逃逸。

山口老师也急匆匆地移开了眼睛。角落里好像也有一双眼睛刚移走，还假装扶眼镜……

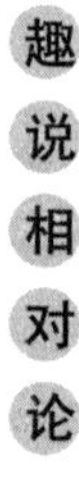

拯救地球仪

“啊！爹地，这不是妈咪结婚前送你的珍贵的礼物吗？日本怎么不见了？”

山口老师又想起了悲惨的地球仪，再度陷入失落……

山口父女俩回家了，健、真由美和光二郎仍然站在地球仪前……

“原来是夫人的礼物啊，怪不得老师那么爱惜呢！”

“这么说，对了，他好像经常傻笑着转着玩呢……”

“虽然场面有些奇怪，不过还真的是真心呢！好了，日本就包在我身上了。”

健小心翼翼地在地球仪上画起了日本，没想到，原来健还有这一手呢。

“日本好怪啊？”

“哪里怪了？”

“的确很怪！”

“我知道北海道在哪！”

“真的？”

第六节

时空旅行

“今天是最后一节课了，好期待啊！”

“今天一定把地球仪拿下，不枉费我练习了那么多次。”

“又扯哪去了？”

“别担心！包在我身上……”

真由美和健在争吵中来到了老师门前，不过已经司空见惯了……

“你们好！今天是最后一节课了！相对论的豹尾是‘时空旅行’！很有意思吧？”

“这是我最喜欢的话题了！”

“我也是……”

“这也是我的研究方向，我也可以讲给你们听……”

光二郎好像已经恢复了，熠熠生辉的眼神持续良久……

“我们怕了……”

屋子里面走出了满脸笑容的凯尔。

“早上好！对了，光二郎，上次开会被我妈咪批驳的体无完肤的就是这个吧？”

“（提心吊胆）……”

“哎？难道说，批驳光二郎的美女物理学家……是山扣的夫人？”

“噢，原来如此！孟德尔的遗传规律还是惯用的，很像她妈妈是正确的选择！”

“（斩钉截铁）嗯！”

“这是？”

“我还要整理一些东西，先进去了……”

“如果掉进了黑洞……”

“真吓人……”

“靠近黑洞的时候会受到巨大的重力，重力会使时间膨胀……越接近重力就越大，时间就越来越慢，直到最后时间如凝固一般……”

“那就可以慢慢下决心了……”

“不对，刚才说的是外部的人看到的情形，对于掉进去的人来说，像是一瞬间就被吸进去了。”

“不是吧？”

“超越‘事象地平线’以后，任何事物都不可能回来了。越接近黑洞中的奇点重力越强烈，直至物体四分五裂！”

“锻炼好身体也不管用吗？”

“根本不是一回事，是原子粒子级别的四分五裂！”

“黑洞真不是好惹的，太恐怖了！”

揭秘黑洞

“其实黑洞不止史瓦西黑洞一种，还有其他类型。”

“史瓦西黑洞？”

“上次讲过的，在一个奇点周围存在‘事象地平线’的类型。”

“还有其他类型？”

“是的，在黑洞形成的时候，奇点不为点，而是转动（角运动量）形成了一个环。”

“点、环？”

“这就是一个很典型的发展模式，被称为科尔黑洞！

“在通过环的时候不需要那么大的力，也就不用被挤扁。在环中有‘事象地平线’，进入以后同样没有出路。”

“环也穿不过？到了环的那一边啊？”

“不是，是通不过的！”

“是魔术，到哪里去了？”

“我也说不好，是其他的宇宙……”

“其他的宇宙？宇宙也有其他的？”

“这就涉及宇宙的起源了，相当有难度啊……我们的宇宙之外，还同时存在着很多个其他的宇宙。”

“一堆的宇宙？”

“没错，黑洞可能就是宇宙之间的连接隧道，隧道的入口就是黑洞，出口是白洞。”

“黑，白，这名字取的！”

“黑洞是吸进一切，而白洞恰好相反，它会吐出所有事物……所以出口就命名为了‘白洞’！”

“研究物理学的人，还真是有意思呢！”

“当黑洞白洞同时存在于我们的宇宙时，合在一起就是‘虫眼’！”

“‘虫眼’？到底是什么啊？”

“就像是青虫，可以想象为苹果上面有一只虫子。而虫眼之间是相通的吧？黑洞白洞因为与此很像，因此而得名。”

“‘虫眼’？真够绝的！”

“是基普·索恩想到的用科尔黑洞的‘虫眼’进行时间旅行。下面我们来进行说明，首先需要入口的黑洞和出口的白洞。”

“嘿嘿嘿……的确是虫眼！”

“在这里使出口的白洞高速运动。”

“那可是白洞！怎么使洞运动？”

“以现在的技术水平……根本不可能，所以这些都是从理论上讲的。白洞高速运动时，时间会变慢！”

“这也是前面讲过的‘高速运动时，时间膨胀’！”

“对！假设黑洞 B 和白洞 W 同为 0 点，W 高速运动时其时间会变慢，假设静止的B变为3点时，白洞W才为1点。这时跳进黑洞，瞬间（时间可以忽略不计）从出口W飞出，这就实现了从3点到1点的时间旅行！”

“的确是回到过去了！这个我能用到。”

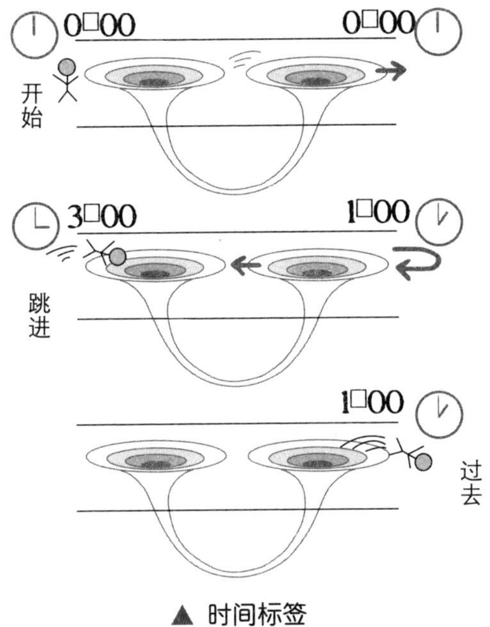

▲ 时间标签

“又在想考试吧？”

“基普·索恩的想法最容易理解，除此之外还有其余的时间旅行的方法。”

“这么说时间旅行指日可待！”

“但在此之前必须解决困扰已久的因果关系问题。比如说有一个机关或者限制可以使时间旅行不产生矛盾，但也有很多人认为这在原理上是行不通的！”

“这么说没希望了？”

“所以我和光二郎一直在追梦，一直在研究！”

“好浪漫！”

在地球仪前

傍晚时分，山口父女俩回家了。研究室里先后来了光二郎、健、真由美……没有号召，他们自发地靠拢到地球仪的周围。

“我的练习效果，嘿嘿嘿……”

健全神贯注地描绘着日本的版图，10分钟过去了……

“怎么样？来点掌声啊！”

“不对啊，四国又不见了！”

“没错，从实际的面积比例看，九州太小了！”

这次是光二郎，10分钟过去了……与先前的地球仪没有两样。

“听山扣说今天是最后一节课。对了，咱们下周去老师家吧！”

“我就不去了，我还得……”

光二郎好像对老师夫人心有余悸。

“好了好了，我们都去！”

就这样，突然决定了去山口老师家里。